高职高专"十三五"规划教材

现代通信原理

赵新亚　胡国柱　主　编
王　媛　李　佳　副主编

化学工业出版社

·北京·

本书旨在全面介绍现代通信系统的基本原理、基本性能和基本分析方法。其内容主要包括：通信系统的基本概念、信道与噪声、模拟调制、模拟信号的数字传输、数字基带传输、数字信号的频带传输、差错控制编码、同步系统。全书共 8 章，每章前有内容提要，每章后附有本章小结、习题。全书内容丰富，讲述由浅入深、简明透彻、概念清楚、重点突出，既便于教师组织教学，又适合学生自学。

　　本书可作为高职高专院校通信、电子、计算机应用等专业教材，也可以作为成人高等学校有关专业参考教材，还可供专业工程技术人员阅读和参考。

图书在版编目（CIP）数据

现代通信原理/赵新亚，胡国柱主编 . —北京：化学
工业出版社，2017.7
高职高专"十三五"规划教材
ISBN 978-7-122-29852-2

Ⅰ. ①现… 　Ⅱ. ①赵…②胡… 　Ⅲ. ①通信原理-高
等职业教育-教材 　Ⅳ. ①TN911

中国版本图书馆 CIP 数据核字（2017）第 124597 号

责任编辑：王听讲 　　　　　　　　　　文字编辑：张绪瑞
责任校对：王素芹 　　　　　　　　　　装帧设计：韩　飞

出版发行：化学工业出版社（北京市东城区青年湖南街 13 号　邮政编码 100011）
印　　装：大厂聚鑫印刷有限责任公司
787mm×1092mm　1/16　印张 10¼　字数 244 千字　2017 年 8 月北京第 1 版第 1 次印刷

购书咨询：010-64518888（传真：010-64519686）　售后服务：010-64518899
网　　址：http://www.cip.com.cn
凡购买本书，如有缺损质量问题，本社销售中心负责调换。

定　　价：26.00 元

前　言

本书的编写目的是提供一本适合高职学生使用的通信原理教材。本书全面介绍了通信系统的基本原理、基本性能和基本分析方法。全书共8章，内容主要包括：通信系统的基本概念、信道与噪声、模拟调制、模拟信号的数字传输、数字基带传输、数字信号的频带传输、差错控制编码、同步系统。为了便于教学，每章之前有内容提要，每章后附有本章小结、习题，也便于自学。

通信原理是高职高专电子信息类通信技术专业的一门核心技术基础课，在本书的编写中考虑了以下的原则和特点。

（1）符合高职高专教育特点。本书以应用为目的，以必需、够用为原则；以讲清概念、强化应用为教学重点，以满足学生未来可持续发展的需求。

（2）讲述由浅入深、简明透彻、概念清楚、重点突出。本书着重基本概念、基本原理阐述，减少不必要的数学推导和计算。书中采用精炼、通俗易懂的文字，结合图形、表格、照片多种直观的表达方式，便于学生轻松地学习知识。

（3）全书内容丰富、编排连贯、系统性强。本教材的编排体系是：先介绍基础知识，后系统介绍专业知识；先模拟通信系统，后数字通信系统。本书参考学时为64学时，书中内容可根据课程设置的具体情况、专业特点和教学要求的侧重点不同进行自由取舍、灵活讲授。我们将为使用本书的教师免费提供电子教案等教学资源，需要者可以到化学工业出版社教学资源网站http：//www.cipedu.com.cn免费下载使用。

本书既适用于高职高专层次的各类高校的通信、电子、计算机应用等专业作为教材，也可以作为成人高等学校有关专业参考教材，还可供专业工程技术人员参考。

本书由沈阳职业技术学院赵新亚、辽宁机电职业技术学院胡国柱担任主编，大连职业技术学院王媛、西安职业技术学院李佳担任副主编。赵新亚编写了第1、4（部分）、8章，胡国柱编写了第5～7章，王媛编写了第2、3章，李佳编写了第4章（部分）。贵州电子信息职业技术学院吴政江、淄博职业学院杨林、常州信息职业技术学院姚裕宝和桂林航空工业学院嵇建波参加了全书编写工作。全书由赵新亚统稿。

沈阳职业技术学院赵敏教授担任本书的主审，对本书进行了仔细查阅，并提出了宝贵意见和修改建议，在此表示感谢。

限于编者水平，书中难免存在疏漏和不足，恳请读者批评指正。

编　者

目　　录

第 1 章

通信系统的基本概念

【内容提要】本章主要介绍通信相关基础知识，包括通信的基本概念、通信系统的组成、通信系统的分类与通信方式、信息及其度量以及通信系统的主要性能指标，以使学生对通信的相关术语和本课程所要研究的内容有初步了解。这些概念是学习通信原理与技术的基础。

1.1 通信的基本概念

通信是指不在同一地点的双方或多方之间进行的迅速有效的信息传递。在当今高度信息化的社会，信息和通信已成为现代社会的"命脉"。信息作为一种资源，只有通过广泛地传播与交流，才能产生利用价值，促进社会成员之间的合作，推动社会生产力的发展，创造出巨大的经济效益。而通信作为传输信息的手段或方式，与传感技术、计算机技术相互融合，已成为 21 世纪国际社会和世界经济发展的强大推动力。

实现通信的方式和手段很多，如古代的消息树、烽火台和击鼓传令，现代社会的电报、电话、广播、电视、遥控、遥测、因特网、数据和计算机通信等，这些都是消息传递的方式和信息交流的手段。

通信的目的是传递消息中所包含的信息。消息是物质或精神状态的一种反映，在不同时期具有不同的表现形式。例如，话音、文字、音乐、数据、图片或活动图像等都是消息（message）。人们接收消息，则关心的是消息中所包含的有效内容，即信息（information）。通信中信息的传递是通过信号来进行的，例如：红绿灯信号、狼烟、电压、电流信号等，信号是消息的载体。在各种各样的通信方式中，利用电信号来承载消息的通信方式称为电通信。如今，在自然科学领域涉及"通信"这一术语时，一般是指"电通信"。广义来讲，光通信也属于电通信，因为光也是一种电磁波。本书中讨论的通信均指电通信。由于电通信方式具有迅速、准确、可靠且不受时间、地点、距离限制的特点，因此，100 多年来得到了飞速的发展和广泛的应用。今天，我们正亲眼目睹一个重大的发展成就，这就是包括话音、数据和视频传输在内的个人通信业务的出现和应用，而通信卫星和光纤网络正为全世界提供高速通信业务。事实上，现代电信新世纪的曙光正在到来。

1.2 通信系统的组成

1.2.1 通信系统的一般模型

实现信息传递所需的一切技术设备和传输媒介的总和称为通信系统。对于电通信来讲，首先要把消息转变成电信号，然后经过发送设备，将信号送入信道，在接收端利用接收设备对接收信号作相应的处理后，送给信宿再转换为原来的消息。这一过程可用图1-1所示的通信系统一般模型来概括。

图 1-1　通信系统一般模型

图1-1中，各部分的功能简述如下。

1）信息源

信息源（简称信源）的作用是把待传输的消息转换成原始电信号。如电话系统中电话机的话筒可看成是信源。根据消息的种类不同，信源可分为模拟信源和数字信源。模拟信源输出的是连续的模拟信号，如话筒（声音→音频信号）、摄像机（图像→视频信号）；而数字信源输出的是离散的数字信号，如电传机（键盘字符→数字信号）、计算机等各种数字终端。信源输出的信号称为基带信号，其特点是信号的频谱从零频附近开始，具有低通形式，如语音信号为300～3400Hz，图像信号为0～6MHz。根据原始电信号的特征，基带信号可分为模拟基带信号和数字基带信号。

2）发送设备

发送设备的作用是将信源产生的原始电信号（基带信号）变换成适合于在信道中传输的信号，即将信源和信道特性相匹配，使其具有抗信道干扰的能力，并且能够具有足够的功率以满足远距离传输的需要。因此，发送设备涵盖的内容很多，可能包含变换、放大、滤波、编码、调制等过程。

3）信道

信道是一种物理媒质，是信号传输的通道，可分为无线和有线两种形式。在无线信道中，信道可以是自由空间；在有线信道中，信道可以是明线、电缆和光纤。信道既给信号以通路，也会对信号产生各种干扰和噪声。信道的固有特性及引入的干扰与噪声直接关系到通信的质量。

4）噪声源

噪声源是信道中的噪声及分散在通信系统其他各处的噪声的集中表示。噪声通常是随机的，形式多样的，它的出现干扰了正常信号的传输。

5）接收设备

接收设备的功能与发送设备相反，其目的是从带有干扰的接收信号中恢复出原始电信号。此外，它还要尽可能地减小在传输过程中噪声与干扰所带来的影响。

6）受信者

受信者是消息的目的地，其功能与信源相反，即把原始电信号还原成相应的消息，如扬声器等。

图 1-1 描述的是通信系统的一般模型，反映了通信系统的共性。按照信道中传输的信号是模拟信号还是数字信号，相应地把通信系统分为模拟通信系统和数字通信系统。

1.2.2 模拟通信系统

信道中传输模拟信号的系统称为模拟通信系统，其模型如图 1-2 所示。这里将通信系统一般模型中的发送设备和接收设备分别用调制器和解调器代替。

图 1-2 模拟通信系统模型

模拟通信系统主要包括两种重要变换。第一种变换是，在发送端把连续消息变换成原始电信号（信源完成）和在接收端将原始电信号恢复成最初的连续消息（受信者完成）。由于信源输出的原始电信号具有频率较低的频谱分量，有些信道可以直接传输原始电信号，而以自由空间作为信道的无线电传输却无法直接传输这种信号。因此，模拟通信系统中常常需要进行第二种变换，即在发送端将基带信号变换成适合在信道中传输的信号（由调制器完成），并在接收端进行反变换（由解调器完成）。经过调制以后的信号称为已调信号，它有两个基本特征：一是携带有信息；二是适应在信道中传输。由于已调信号的频谱通常具有带通形式，因而已调信号又称为带通信号（也称为频带信号）。

应该指出，实际通信系统中消息从发送端到达接收端，除了上述的两种变换外可能还有滤波、放大、天线辐射等过程。对于信号传输而言，上述两种变换会使信号发生质的变化，而其他过程只是对信号进行放大和改善信号特性等，在通信系统模型中一般被认为是理想的而不予讨论。

1.2.3 数字通信系统

信道中传输数字信号的系统称为数字通信系统。数字通信系统可进一步细分为数字频带传输通信系统、数字基带传输通信系统、模拟信号数字化传输通信系统。

1）数字频带传输通信系统

数字通信的基本特征是，它的消息或信号具有"离散"或"数字"的特性，同时强调已调参量与代表消息的数字信号之间的一一对应关系。

另外，数字通信中还存在以下突出问题。第一，数字信号传输时，信道噪声或干扰所造成的差错，原则上是可以控制的，这是通过所谓的差错控制编码来实现的。于是，就需要在发送端增加一个编码器，而在接收端相应需要一个解码器。第二，在需要实现保密通信的场合，为了保证所传信息的安全，人为地将被传输的数字序列扰乱，即加上密码，这种处理过程称为加密。在接收端利用与发送端相同的密码对收到的数字序列进行解密，恢复原来信息。第三，数字通信传输是按一定节拍一个接一个传送数字信号，因此接收端也必须有一个与发送端相同的节拍接收信息，否则就会因收发节奏不同而造成混乱。同步过程就是使收发两端的信号在时间上保持步调一致，保证数字信号的有序、准确、可靠传输。按照同步的功用不同，分为载波同步、位同步、群（帧）同步和网同步，故数字通信中还必须有"同步"这个重要问题。

综上所述，点对点的数字频带传输通信系统模型如图 1-3 所示。

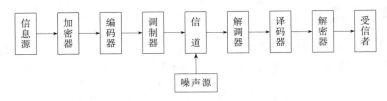

图 1-3　数字频带传输通信系统的模型

需要说明的是，图 1-3 中，调制器/解调器、加密器/解密器、编码器/译码器等环节，在具体通信系统中是否全部采用，要取决于具体设计条件和要求。但在一个系统中，如果发送端有调制/加密/编码，则接收端必须有解调/解密/译码。通常把有调制器/解调器的数字通信系统称为数字频带传输通信系统。

2）数字基带传输通信系统

与频带传输系统相对应，把没有调制器/解调器的数字通信系统称为数字基带传输通信系统，如图 1-4 所示。

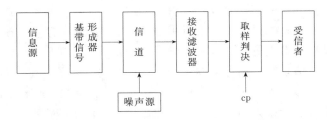

图 1-4　数字基带传输通信系统的模型

图 1-4 中，基带信号形成器可能包括编码器、加密器以及波形变换等，接收滤波器亦可能包括译码器、解密器等。

3）模拟信号数字化传输通信系统

上面介绍的数字通信系统中，信源输出的信号均为数字基带信号，实际上，在日常生活中大部分信号（如语音信号）为连续变化的模拟信号。那么要实现模拟信号在数字通信系统中的传输，则必须在发端将模拟信号数字化，即进行模/数（A/D）转换；在接收端需进行相反的转换，即数模（D/A）转换。实现模拟信号数字化传输的系统如图 1-5 所示。

图 1-5　模拟信号数字化传输通信系统的模型

1.2.4　数字通信系统的主要特点

目前，无论是模拟通信还是数字通信，在不同的通信业务中都得到了广泛的应用。但数字通信的发展速度已明显超过模拟通信，成为当代通信技术的主流。与模拟通信相比，数字通信具有以下一些优点。

1）抗干扰能力强

数字通信系统中传输的是离散取值的数字波形，接收端的目的是在受到干扰的信号中判断出传输的是哪一个波形，而不需要还原被传输的整个波形。以二进制为例，信号的取值只有两个，接收端只要能正确判决发送的是两个状态中的哪一个即可。

在远距离传输时，如微波中继通信，数字通信系统可采用多个中继站，在每个中继站利用数字通信特有的抽样判决再生的接收方式使信号再生，只要不发生错码，再生后的信号仍然像信源发出的信号一样，可以使噪声不积累。而模拟通信系统中传输的是连续变化的模拟信号，它要求接收机能够高度保真地重现原信号波形，一旦信号叠加上噪声后，即使噪声很小，也很难消除。

2）差错可控

数字通信系统中，可通过信道编码技术进行检错与纠错，降低误码率，提高传输质量。

3）易加密

与模拟信号相比，数字信号易于加密处理，且保密性好。

4）易与现代技术相结合

与现代数字信号处理技术相结合对数字信息进行处理、变换、存储。这种数字处理的灵活性表现为可以将来自不同信源的信号综合到一起传输。

数字通信的缺点是占用带宽较大。以电话为例，一路模拟电话通常只占据 4kHz 带宽，但一路接近同样话音质量的数字电话可能要占据 20～60kHz 的带宽。另外，由于数字通信对同步要求高，因而系统设备复杂。但是，随着光纤等大容量传输媒质的使用、数据压缩技术及超大规模集成电路的出现，数字系统的这些缺点已经弱化，数字通信的应用必将会越来越广泛。

1.3　通信系统的分类及通信方式

1.3.1　通信系统的分类

通信的目的是传送信息，按照不同的分类方法，通信可分成许多类别，下面介绍几种常用的分类方法。

1）按传输媒质分类

按传输媒质，通信系统可分为有线通信系统和无线通信系统两大类。所谓有线通信是用导线（如架空明线、同轴电缆、光导纤维、波导等）作为传输媒质完成通信的，如市内电话、有线电视、海底电缆通信等，其特点是媒质看得见，摸得到。所谓无线通信是依靠电磁波在空间传播达到来传递消息的, 如短波电离层传播、微波视距传播、卫星中继等。

2) 按信号特征分类

按照信道中所传输的是模拟信号还是数字信号, 相应地把通信系统分成模拟通信系统和数字通信系统。

3) 按工作波段分类

按通信设备的工作频率不同, 通信系统可分为长波通信、中波通信、短波通信、微波通信等。表 1-1 列出了通信中使用的频段、常用的传输媒质及主要用途。

表 1-1　频段划分及典型应用

频率范围/Hz	名　称	典　型　应　用
3～30	极低频(ELF)	远程导航、水下通信
30～300	超低频(SLF)	水下通信
300～3000	特低频(ULF)	远程通信
3000～30000	甚低频(VLF)	远程导航、水下通信、声呐

4) 按调制方式分类

根据信道中传输的信号是否经过调制, 可将通信系统分为基带传输系统和频带传输系统。基带传输是将未经调制的信号直接传送, 如市内电话、有线广播; 频带传输是对各种信号调制后再送到信道中传输的总称。

5) 按信号复用方式分类

传输多路信号有三种复用方式, 即频分复用、时分复用和码分复用。频分复用是用频谱搬移的方法使不同信号占据不同的频率范围; 时分复用是用脉冲调制的方法使不同信号占据不同的时间区间; 码分复用是用正交的脉冲序列分别携带不同信号。传统的模拟通信中都采用频分复用, 随着数字通信的发展, 时分复用通信系统的应用愈来愈广泛, 码分复用多用于空间通信的扩频通信和移动通信系统中。

6) 按通信者是否移动分类

通信系统还可以按照收发信者是否移动分为移动通信系统和固定通信系统。移动通信是指通信双方至少有一方是在移动过程中进行信息交换的。移动通信具有建网快、机动灵活等特点, 能够使用户随时随地快速可靠地进行信息交换, 因此其发展迅速, 容量不断递增。

1.3.2　通信方式

通信方式是指通信双方之间的工作方式或信号传输方式。

1) 按消息的传递方向与时间分类

对于点与点之间的通信, 按消息传递的方向与时间关系, 通信方式可分为单工、半双工和全双工通信。

所谓单工通信, 是指消息只能单方向传输的工作方式, 如图 1-6(a) 所示。通信的双方中只有一方可以进行发送, 而另一方只能接收。如广播、遥控、无线寻呼等。

所谓半双工通信, 是指通信双方都能收发消息, 但不能同时进行收和发的工作方式, 如图 1-6(b) 所示。如对讲机等。

所谓全双工通信，是指通信双方可同时进行收发消息的工作方式，其信道必须是双向信道，如图 1-6（c）所示。电话是全双工通信一个常见的例子，通话的双方可同时进行说和听。

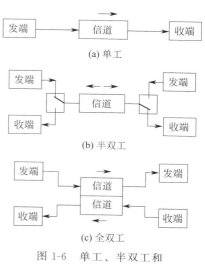

(a) 单工

(b) 半双工

(c) 全双工

图 1-6 单工、半双工和
全双工通信方式示意图

2）按数字信号排序分类

在数据通信（主要是计算机或其他数字终端设备之间的通信）中，按数据代码排列的方式不同，可分为并行传输和串行传输。

所谓并行传输，是将代表信息的数字信号码元序列以成组的方式在两条或两条以上的并行信道上同时传输。例如，计算机送出的由"0"和"1"组成的二进制代码序列，可以每组 n 个代码的方式在 n 条并行信道上同时传输。这种方式下，一个分组中的 n 个码元能够在一个时钟节拍内从一个设备传输到另一个设备，如图 1-7（a）所示。

并行传输的优势是节省传输时间，速度快。此外，并行传输不需要另外的措施就实现了收发双方的字符同步。缺点是需要 n 条通信线路，成本高，一般只用于设备之间的近距离通信，如计算机和打印机之间数据的传输。

所谓串行传输，是将数字信号码元序列以串行方式一个码元接一个码元地在一条信道上传输，如图 1-7（b）所示。远距离数字传输常采用这种方式。

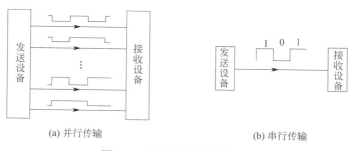

(a) 并行传输

(b) 串行传输

图 1-7 串行和并行传输方式

1.4 信息及其度量

通信的根本目的在于传输消息中所包含的信息。信息是指消息中所包含的有效内容，或者说是收信者预先不知而待知的内容。不同形式的消息，可以包含相同的信息。例如，用话音和文字发送的天气预报，所含信息内容相同。传输信息的多少可直观地使用"信息量"来衡量。

消息是多种多样的。因此度量消息中所含信息量的方法，必须能够用来度量任何消息，而与消息的种类无关。同时，这种度量方法也应该与消息的重要程度无关。

在一切有意义的通信中，对于接收者而言，某些消息所含的信息量比另外一些消息更多。例如，"某客机坠毁"这条消息比"今天下雨"这条消息包含有更多的信息。这是因为，前一条消息所表达的事件极不可能发生，它使人感到惊讶和意外；而后一条消息所表达的事件很有可能发生，不足为奇。这表明，对接收者来说，信息量的多少与接收者收到消息时感到的惊讶程度有关，消息所表达的事件越不可能发生，越不可预测，就会越使人感到惊讶和意外，信息量就越大。

概率论告诉我们，事件的不确定程度可以用其出现的概率来描述。因此，消息中包含的信息量多少与消息所表达事件的出现概率密切相关。事件出现的概率越小，则消息中包含的信息量就越大，反之则越小。

根据以上认知，消息中所含的信息量 I 与消息发生概率 $P(x)$ 的关系应当反映如下规律。

（1）消息 x 中所含的信息量 I 是该消息出现的概率 $P(x)$ 的函数，即

$$I=I[P(x)]$$

（2）消息出现的概率 $P(x)$ 越小，I 越大；反之，I 越小。且当 $P(x)=1$ 时，$I=0$；$P(x)=0$ 时，$I=\infty$。

（3）若干个互相独立事件构成的消息 $(x_1,x_2,\cdots)$，所含信息量等于各独立事件 x_1，$x_2,\cdots$ 信息量之和，也就是说，信息具有相加性，即

$$I[P(x_1)\cdot P(x_2)\cdot\cdots]=I[P(x_1)]+I[P(x_2)]+\cdots$$

可以看出，若 I 与 $P(x)$ 之间的关系式为

$$I=\log_a\frac{1}{P(x)}=-\log_a P(x) \qquad (1.4\text{-}1)$$

则可满足上述三项要求。所以我们定义公式(1.4-1)为消息 x 所含的信息量。

信息量 I 的单位取决于式(1.4-1)中对数的底 a 的取值

$$a=2 \quad\text{单位为比特（bit），可简写为 b}$$
$$a=e \quad\text{单位为奈特（nat），可简写为 n}$$
$$a=10 \quad\text{单位为哈特莱（Hartley）}$$

通常广泛使用单位比特，即

$$I=\log_2\frac{1}{P(x)}=-\log_2 P(x)\,(\text{b}) \qquad (1.4\text{-}2)$$

【例 1-1】 设一个二进制离散信源，以相等的概率发送数字"0"或"1"，计算信源输出的每个符号的信息量。

解：二进制等概率时 $P(0)=P(1)=\dfrac{1}{2}$

根据式(1.4-2)，有

$$I(0)=I(1)=-\log_2\frac{1}{2}=1(\text{b})$$

即二进制等概率时，每个符号所含信息量相等，为 1b。在工程应用中，习惯把一个二进制码元称为 1b。

同理，对于离散信源，若 N 个符号等概率（$P=1/N$）出现，且每一个符号的出现是相互独立的，即信源是无记忆的，则每个符号所含的信息量相等，为

$$I(1)=I(2)=\cdots=I(N)=-\log_2 P=-\log_2\frac{1}{N}=\log_2 N(\text{b}) \qquad (1.4\text{-}3)$$

式中，P 为每一个符号出现的概率；N 为信源中所包含的符号数目。若 N 是 2 的整幂次，比如 $N=2^K (K=1,2,3,\cdots)$，则式(1.4-3)可改写为

$$I(1)=I(2)=\cdots=I(N)=\log_2 N=\log_2 2^K=K(\text{b}) \tag{1.4-4}$$

式中，K 是二进制符号数目，也就是说，传送每一个 $N(N=2^K)$ 进制符号的信息量就等于用二进制符号表示该 N 进制符号所需的符号数目。

【例 1-2】 试计算二进制符号不等概时的信息量 $[$设 $P(0)=P]$。

解： 由 $P(0)=P$，有 $P(1)=1-P$

根据式(1.4-2)，有

$$I(0)=-\log_2 P(0)=-\log_2 P(\text{b})$$

$$I(1)=-\log_2 P(1)=-\log_2(1-P)(\text{b})$$

可见，不等概时，每个符号所含的信息量不同。

计算消息的信息量，常用到平均信息量的概念。平均信息量 $H(x)$ 定义为每个符号所含信息量的统计平均值，即等于每个符号的信息量乘以各自的出现概率再相加。

设离散信源是由 N 个符号组成的集合，其中每个符号 $x_i(i=1,2,3,\cdots,N)$ 按一定的概率 $P(x_i)$ 独立出现，即

$$\begin{bmatrix} x_1, & x_2, & \cdots,x_N \\ P(x_1), & P(x_2), & \cdots,P(x_N) \end{bmatrix} \quad 且有 \sum_{i=1}^N P(x_i)=1$$

则每个符号所含信息量的平均值为

$$H(x)=P(x_1)[-\log_2 P(x_1)]+P(x_2)[-\log_2 P(x_2)]+\cdots+P(x_N)[-\log_2 P(x_N)]$$

$$=\sum_{i=1}^N P(x_i)[-\log_2 P(x_i)](\text{b/符号}) \tag{1.4-5}$$

由于 H 同热力学中的熵形式相似，故通常又称它为信息源的熵，其单位为 b/符号。显然，当每个符号等概率独立出现时，式(1.4-5)即成为式(1.4-3)，此时信源的熵有最大值。

【例 1-3】 设由 5 个符号 A、B、C、D、E 组成的离散信源，它们出现的概率分别为 $1/2$，$1/4$，$1/8$，$1/16$，$1/16$，试求信源的平均信息量 $H(x)$。

解： 根据式(1.4-5)，有

$$H(x)=\frac{1}{2}\left[-\log_2 \frac{1}{2}\right]+\frac{1}{4}\left[-\log_2 \frac{1}{4}\right]+\frac{1}{8}\left[-\log_2 \frac{1}{8}\right]+\frac{1}{16}\left[-\log_2 \frac{1}{16}\right]+\frac{1}{16}\left[-\log_2 \frac{1}{16}\right]$$

$$=\frac{1}{2}+\frac{2}{4}+\frac{3}{8}+\frac{4}{16}+\frac{4}{16}=1.875(\text{b/符号})$$

以上我们讨论了离散消息的度量。关于连续消息的信息量可以用概率密度函数来描述。可以证明，连续消息的平均信息量为

$$H(x)=-\int_{-\infty}^{\infty} f(x)\log_a f(x)\,\mathrm{d}x$$

式中，$f(x)$ 为连续消息出现的概率密度。

1.5　通信系统主要性能指标

在设计和评价系统时，需要建立一套能反映系统各方面性能的指标体系。性能指标也称质量指标，它是从整体系统上综合提出的。

通信系统的性能指标涉及有可靠性、有效性、适应性、经济性、保密性、标准性、可维护性等。尽管不同的通信业务对系统性能的要求不尽相同，但从研究信息传输的角度来说，通信系统的有效性和可靠性是评价系统优劣的主要性能指标，也是主要矛盾所在。

所谓有效性是指信息传输的"速度"问题；而可靠性则是指接收信息的准确程度，也就是传输的"质量"问题。这两个问题相互矛盾而又相对统一，并且还可以进行互换。

由于模拟通信系统和数字通信系统之间的区别，两者对有效性和可靠性的要求及度量的方法不尽相同。

1.5.1 有效性指标的具体表述

1) 模拟通信系统的有效性指标

模拟通信系统的有效性通常用有效传输带宽来度量。同样的消息采用不同的调制方式，则需要不同的频带宽度。如话音信号的单边带调幅（SSB）占用的带宽仅为 4kHz，而话音信号的宽带调频（WBFM）占用的带宽则为 48kHz（调频指数为 5 时），显然调幅信号的有效性比调频的好。

2) 数字通信系统的有效性指标

数字通信系统的有效性可用传输速率和频带利用率来衡量。通常从两个不同的角度来定义传输速率。

（1）码元传输速率简称码元速率，又称为传码率，用符号 R_B 来表示，它被定义为单位时间（每秒）内传输码元的数目，单位为波特（Baud），简记为 B。例如，某系统每秒内传送 2400 个码元，则该系统的传码率为 2400B。

数字信号一般有二进制与多进制之分，但码元速率仅仅表征单位时间内传输码元的数目，与进制无关。根据码元速率的定义，若每个码元的长度为 T_b 秒，则有

$$R_B = \frac{1}{T_b} \tag{1.5-1}$$

通常在给出码元速率的同时要说明码元的进制。

（2）信息传输速率简称信息速率，又称为传信率或比特率，用符号 R_b 表示，它定义为单位时间（每秒）内传送的信息量，单位为比特/秒，简记为 b/s 或 bps。例如，某信源在 1s 内传送 1000 个符号，且每个符号的平均信息量为 1b，则该信源的信息速率 R_b 为 1000b/s。

在"0""1"等概率传输的二进制系统中，每个码元含有的信息量为 1b，所以二进制数字信号的码元速率和信息速率在数量上相等。在采用多（N）进制码元的传输中，由于每个码元所携带的信息量为 $\log_2 N$ 比特［见式(1.4-3)］，因此信息速率和码元速率有以下确定的关系，即

$$R_{bN} = R_{BN} \log_2 N \tag{1.5-2}$$

例如在八进制（N=8）中，已知码元速率为 1200B，则信息速率为 3600b/s。

（3）频带利用率。在比较不同通信系统的有效性时，不能单看它们的传输速率，还应考虑所占用的频带宽度，因为两个传输速率相等的系统其传输效率并不一定相同。所以，真正衡量数据通信系统的有效性指标是频带利用率，它定义为单位带宽（每赫兹）内的传输速率，用符号 η 或 η_b 表示，即

$$\eta = \frac{R_B}{B} (B/Hz) \tag{1.5-3}$$

或

$$\eta_{\mathrm{b}} = \frac{R_{\mathrm{b}}}{B}(\mathrm{bps/Hz})\tag{1.5-4}$$

式中，B 为信道传输带宽；R_{B} 为码元传输速率；R_{b} 为信息传输速率。

1.5.2　可靠性指标的具体表述

1）模拟通信系统的可靠性指标

模拟通信系统的可靠性通常用接收端解调器输出信噪比来度量。输出信噪比越高，通信质量就越好。不同调制方式在同样信道信噪比下所得到的解调后的输出信噪比是不同的。如调频信号的抗干扰能力比调幅的好，但调频信号所需的传输带宽却宽于调幅的。

2）数字通信系统的可靠性指标

数字通信系统的可靠性可用信号在传输过程中出现错误的概率来衡量，即用差错率来衡量。差错率常用误码率和误信率表示。

（1）误码率，用符号 P_{e} 表示，是指错误接收的码元数在传输总码元数中所占的比例，更确切地说，误码率是码元在传输系统中被传错的概率，即

$$P_{\mathrm{e}} = \frac{\text{接收的错误码元数}}{\text{系统传输的总码元数}}\tag{1.5-5}$$

（2）误信率，又称误比特率，用符号 P_{b} 表示，是指错误接收的比特数在传输总比特数中所占的比例，即

$$P_{\mathrm{b}} = \frac{\text{系统传输中出错的比特数}}{\text{系统传输的总比特数}}\tag{1.5-6}$$

【例 1-4】 已知某四进制数字通信系统的信息速率为 1000b/s，在接收端 10min 内共收到 23 个错误码元，试求系统的误码率。

解：根据题意知

$$R_{\mathrm{b}4} = 1000\mathrm{b/s}$$

根据式（1.5-2），有

$$R_{\mathrm{B}4} = R_{\mathrm{b}4}/\log_2 4 = 500\mathrm{B}$$

根据式（1.5-5），有

$$P_{\mathrm{e}} = \frac{23}{500 \times 60 \times 10} = 7.67 \times 10^{-5}$$

 **本章小结**

通信的目的是传递消息中所包含的信息。消息是信息的物理表现，信息是消息的内涵。

信号是消息的物理载体。根据携载消息的信号参量是连续取值还是离散取值，信号分为模拟信号和数字信号。

按照信道中所传输的是模拟信号还是数字信号，相应地把通信系统分成模拟通信系统和数字通信系统。

与模拟通信相比，数字通信系统具有抗干扰能力强，差错可控，易加密，易与现代技术

相结合等优点。缺点是占用带宽大，同步要求高。

对于点与点之间的通信，按消息传递的方向与时间关系，通信方式可分为单工、半双工和全双工通信。按数字信号排列的顺序可分为并行传输和串行传输。

信息量可用来衡量消息中所包含的信息的多少，它的大小与消息所表达事件的出现概率密切相关。一个二进制码元含 1b 的信息量，一个 N 进制码元含有 $\log_2 N$ 比特的信息量。等概率发送时，信息源的熵有最大值。

有效性和可靠性是通信系统的两个主要指标。两者相互矛盾而又相对统一，且可互换。在模拟通信系统中，有效性可用带宽衡量，可靠性可用输出信噪比衡量。在数字通信系统中，有效性用码元速率、信息速率和频带利用率表示，可靠性用误码率、误信率表示。

习 题

1-1 什么是通信？常见的通信方式有哪些？并举例说明。

1-2 什么是数字通信？数字通信有哪些优缺点？

1-3 数字通信系统的一般模型中各组成部分的主要功能是什么？

1-4 衡量通信系统的主要性能指标有哪些？数字通信系统具体用什么来表述？

1-5 什么是码元速率和信息速率？它们之间的关系如何？

1-6 消息中包含的信息量与以下哪些因素有关？

(1) 消息出现的概率；

(2) 消息的种类；

(3) 消息的重要程度。

1-7 已知英文字母 E 出现的概率为 0.105，X 出现的概率为 0.002，试求英文字母 E 和 X 的信息量。

1-8 某信源符号集由 A、B、C、D、E 和 F 组成，设每一符号独立出现，其出现概率分别为 1/4、1/4、1/8、1/16、1/16 和 1/4。试求该信息源输出符号的平均信息量。

1-9 设一数字传输系统传送二进制信号，码元速率为 2400B，试求该系统的信息速率？若该系统改为传送十六进制信号，码元速率不变，则此时的系统信息速率为多少？

1-10 已知某数字传输系统传送八进制信号，信息速率为 3600b/s，试问码元速率为多少？

1-11 已知二进制信号的信息速率为 4800 b/s，试问变换成四进制和八进制信号传输时的信息速率各为多少（码元速率不变）？

1-12 已知某系统的码元速率为 3600kB，接收端在 1h 内共收到 1296 个错误码元，试求系统的误码率 P_e。

1-13 已知某四进制数字通信系统的信息速率为 2400b/s，接收端在 0.5h 内共收到 216 个错误码元，试计算该系统的误码率 P_e。

1-14 某电台在 5min 内共收到正确的信息量 355Mb，假定系统的信息速率为 1200kb/s。

(1) 试问系统的误信率 P_b。

(2) 若具体指出系统所传数字信号为四进制信号，P_b 值是否有改变？

(3) 若假定信号为四进制信号，系统传输速率改为 1200kB，5min 内共收到正确信息量为 710Mb，试求系统的误信率 P_b。

第2章

信道与噪声

【内容提要】本章首先通过介绍实际信道的例子，在此基础上归纳信道的特性，阐述信道的数学模型；然后介绍了信道容量的概念，为后续章节的讨论奠定了基础；最后介绍了通信中常见的各种噪声。

信道是指以传输媒质为基础的信号通道。它与发送设备、接收设备一起组成通信系统。没有信道，通信就无法进行；信道直接影响通信的质量。因此，有必要研究信道，根据信道的特点，正确地选用信道，合理地设计收发信设备，使通信系统达到最佳。根据信道的定义，如果信道仅是指信号的传输媒质，这种信道称为狭义信道；如果信道不仅是传输媒质，而且包括通信系统中的一些转换装置，这种信道称为广义信道。

2.1 信道概念及分类

2.1.1 信道的基本概念

信道的一般组成如图 2-1 所示。所谓调制信道是指图 2-1 中从调制器的输出端到解调器的输入端所包含的发转换器、媒质和收转换器三部分。当研究调制与解调问题时，我们所关心的是调制器输出的信号形式、解调器输入端信号与噪声的最终特性，而并不关心信号的中间变换过程。因此，定义调制信道对于研究调制与解调问题是方便和恰当的。

在数字通信系统中，如果研究编码与译码问题时采用编码信道，会使问题的分析更容易。

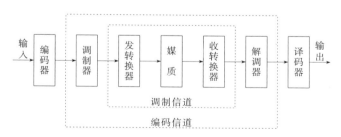

图 2-1　调制信道和编码信道

在数字通信系统中，如果研究编码与译码问题时采用编码信道，会使问题的分析更容易。

13

所谓编码信道是指图 2-1 中编码器输出端到译码器输入端的部分。即编码信道包括调制器、调制信道和解调器。调制信道和编码信道是通信系统中常用的两种广义信道，如果研究的对象和关心的问题不同，还可以定义其他形式的广义信道。

2.1.2 信道的分类

按照信道的定义，通常把信道分为狭义信道和广义信道两种。狭义信道按照传输媒质的特性可分为有线信道和无线信道两类。有线信道包括明线、对称电缆、同轴电缆及光纤等。无线信道包括地波传播、短波电离层反射、超短波或微波视距中继、人造卫星中继、散射及移动无线电信道等。狭义信道是广义信道十分重要的组成部分，通信效果的好坏，在很大程度上将依赖于狭义信道的特性。因此，在研究信道的一般特性时，"传输媒质"仍是讨论的重点。有时，为了叙述方便，常把广义信道简称为信道。广义信道除了包括传输媒质外，还包括通信系统有关的变换装置，这些装置可以是发送设备、接收设备、馈线与天线、调制器、解调器等。这相当于在狭义信道的基础上，扩大了信道的范围。它的引入主要是从研究信息传输的角度出发，使通信系统的一些基本问题研究比较方便。广义信道按照它包括的功能，可以分为调制信道、编码信道等。

还有一种分类方法是把信道分为恒参信道和变参信道（或称随参信道）。信道特性主要由传输媒质决定，如果传输媒质特性基本不随时间变化，所构成的信道称为恒参信道；相反，如果传输媒质特性随时间随机变化，则构成的信道通常称为随参信道。例如由架空明线、电缆、中长波地波传播、超短波及微波视距传播、人造卫星中继、光导纤维，以及光波视距传播等传输媒质构成的信道都属于恒参信道。而陆地移动信道、短波电离层反射信道、超短波及微波对流层散射信道、超短波电流层散射以及超短波超视距绕射等信道，都是常见的随参信道。下面分别介绍恒参信道和随参信道。

1）恒参信道

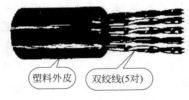

图 2-2　对称电缆结构

（1）对称电缆。对称电缆是在同一保护套内有许多对相互绝缘的双导线的传输媒质。通常有两种类型：非屏蔽型（UTP）和屏蔽型（STP）。导线材料是铝或铜，直径为 0.4～1.4mm。为了减小各线对之间的相互干扰，每一对线都拧成扭绞状，如图 2-2 所示。由于这些结构上的特点，故电缆的传输损耗比较大，但其传输特性比较稳定，并且价格便宜、安装容易。对称电缆主要用于市话中继线路和用户线路，在许多局域网如以太网、令牌网中也采用高等级的 UTP 电缆进行连接。STP 电缆的特性同 UTP 的特性相同，由于加入了屏蔽措施，对噪声有更好的屏蔽作用，但是其价格要昂贵一些。

（2）同轴电缆。同轴电缆与对称电缆结构不同，单根同轴电缆的结构如图 2-3(a) 所示。同轴电缆由同轴的两个导体构成，外导体是一个圆柱形的导体，内导体是金属线，它们之间填充着介质。实际应用中同轴电缆的外导体是接地的，对外界干扰具有较好的屏蔽作用，所以同轴电缆抗电磁干扰性能较好。在有线电视网络中大量采用这种结构的同轴电缆。

为了增大容量，可将几根同轴电缆封装在一个大的保护套内，构成多芯同轴电缆，也可装入一些二芯绞线对或四芯线组，作为传输控制信号用。

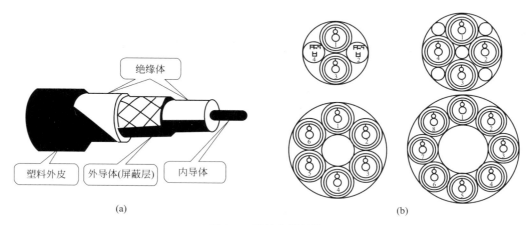

图 2-3　同轴电缆结构

（3）微波中继信道。微波频段的频率范围一般在几百兆赫兹至几十吉赫兹，其传输特点是在自由空间沿视距传输。由于受地形和天线高度的限制，两点间的传输距离一般为 30～50km，当进行长距离通信时，需要在中间建立多个中继站，如图 2-4 所示。

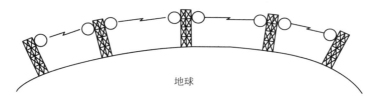

图 2-4　微波中继信道的构成

（4）卫星中继信道。卫星中继信道可看作无线电中继信道的一种特殊形式。轨道在赤道平面上空的卫星信道具有传输距离远、覆盖地域广、传播稳定可靠、传输容量大等突出的优点，被广泛用来传输多路电话、电报、数据和电视信号。

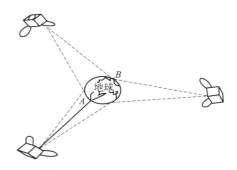

图 2-5　卫星中继信道示意图

卫星中继信道是利用人造卫星作为中继站构成的通信信道，卫星中继信道与微波中继信道都是利用微波信号在自由空间直线传播的。微波中继信道由地面建立的端站和中继站组成，而卫星中继信道由卫星、地球站、上行线路和下行线路构成。若卫星运行轨道在赤道平面，离地面高度为 35780km 时，绕地球运行一周的时间恰为 24h，与地球自转同步，这种卫星称为静止卫星。不在静止轨道运行的卫星称为移动卫星。

若以静止卫星作为中继站,采用三个相差 120° 的静止通信卫星就可以覆盖地球的绝大部分地域(两极盲区除外),如图 2-5 所示。若采用中、低轨道移动卫星,则需要多颗卫星覆盖地球。所需卫星的个数与卫星轨道高度有关,轨道越低所需卫星数越多。

目前卫星中继信道工作频段从几吉赫兹到几十吉赫兹,信道的主要特点是通信容量大、传输质量稳定、传输距离远、覆盖区域广等。另外,由于卫星轨道离地面较远,信号衰减大,电波往返所需要的时间较长。对于静止卫星,由地球站至通信卫星,再回到地球站的一次往返需要 0.26s 左右,传输话音信号时会感觉明显的延迟效应。目前卫星中继信道主要用来传输多路电话、电视和数据。

2) 随参信道

(1) 陆地移动信道 陆地移动通信的工作频段主要在 VHF 和 UHF 频段,该电波传播特点是以直射波为主。但是,由于城市建筑群和其他地形地物的影响,电波在传播过程中会产生发射波、散射波,电波传输环境较为复杂,因此移动信道是典型的随参信道。

① 自由空间传播。在 VHF、UHF 移动信道中,电波传播方式主要有自由空间直射波、地面反射波、大气折射波、建筑物等的散射波等。

当移动台和基站天线在视距范围之内时,电波传播的主要方式是直射波。直射波传播可以按自由空间传播来分析。由于传播路径中没有阻挡,所以电波能量不会被障碍物吸收,也不会产生反射和折射。设发射机输入给天线的功率为 $P_T(W)$,则接收天线上获得的功率为

$$P_R = P_T G_T G_R (\lambda/4\pi d)^2 \tag{2.1-1}$$

式中,G_T 为发射天线增益;G_R 为接收天线增益;d 为接收天线与发射天线之间的直线距离;$(4\pi d/\lambda)^2$ 为各向同性天线的有效面积。当发射天线增益和接收天线增益都等于 1 时,式 (2.1-1) 可以简化为

$$P_R = P_T (\lambda/4\pi d)^2 \tag{2.1-2}$$

自由空间传播损耗定义为

$$L_{fs} = P_T/P_R \tag{2.1-3}$$

将式 (2.1-3) 代入式 (2.1-2) 可得

$$L_{fs} = (4\pi d/\lambda)^2 \tag{2.1-4}$$

用 dB 可表示为

$$[L_{fs}] = 20 \lg(4\pi d/\lambda) = 32.44 + 20 \lg d + 20 \lg f \tag{2.1-5}$$

式中,d 为接收天线与发射天线之间的直线距离,km;f 为工作频率,MHz。由式 (2.1-4) 可以看出,自由空间传播损耗与距离 d 的平方成正比,距离越远损耗越大。图 2-6 给出了移动信道中自由空间、雾、暴雨情况下传播损耗与频率和距离的关系示意图。

② 反射波与散射波。当电波辐射到地面或建筑物表面时,会发生反射或散射,从而产生多径传播现象,如图 2-7 所示。这些反射面通常是不规则和粗糙的。为了分析方便,可以认为反射面是平滑表面,此时电波的反射角等于入射角,分析模型如图 2-8 所示。不同界面的反射系数为

$$R = \frac{\sin\theta - z}{\sin\theta + z} \tag{2.1-6}$$

其中

$$z = \frac{\sqrt{\varepsilon_o - \cos^2\theta}}{\varepsilon_o} \quad (\text{垂直极化}) \tag{2.1-7}$$

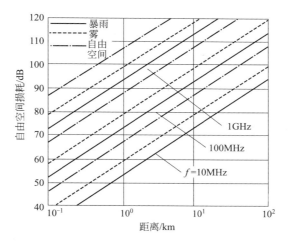

图 2-6　移动信道中自由空间传播损耗

$$z = \sqrt{\varepsilon_0 - \cos^2\theta} \quad （水平极化） \tag{2.1-8}$$

$$\varepsilon_0 = \varepsilon - j60\sigma\lambda \tag{2.1-9}$$

式中，ε 为介电常数；σ 为电导率；λ 为波长。

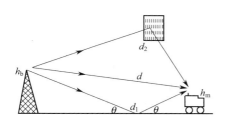

图 2-7　移动信道的传播路径

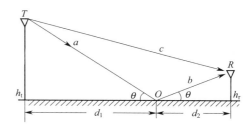

图 2-8　平滑表面反射

③ 折射波。电波在空间传播中，由于大气中介质密度随高度增加而减小，导致电波在空间传播时会产生折射、散射等。大气折射对电波传输的影响通常可用地球等效半径来表征（见图 2-9）。地球的实际半径和地球半径之间的关系为

$$k = r_e / r_0$$

式中，k 称为地球等效半径系数；r_0 为地球实际半径，$r_0 = 6370\text{km}$；r_e 为地球等效半径。在标准大气折射情况下，地球等效半径系数 $k = 4/3$，此时地球等效半径为

$$r_e = kr_0 = 4/3 \times 6370\text{km} = 8493\text{km}$$

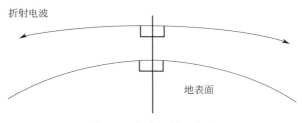

图 2-9　电波折射示意图

（2）短波电离层反射信道　　短波电离层反射信道是利用地面发射的无线电波在电离层，或电离层与地面之间的一次反射或多次反射所形成的信道。由于太阳辐射的紫外线和 X 射线，使离地面 $60\sim600$ km 的大气层电离形成电离层。电离层是由分子、原子、离子及自由电子组成。当频率范围为 $3\sim30$ MHz（波长为 $10\sim100$ m）的短波（或称为高频）无线电波射入电离层时，由于折射现象会使电波发生反射，返回地面，从而形成短波电离层反射信道。

电离层厚度有数百千米，可分为 D、E、F_1、F_2 四层，如图 2-10 所示。由于太阳辐射的变化，电离层的密度和厚度也随时间随机变化，因此短波电离层反射信道也是随参信道。在白天，由于太阳辐射强，所以 D、E、F_1、F_2 四层都存在。在夜晚，由于太阳辐射减弱，D 和 F_1 层几乎完全消失，因此只有 E 和 F_2 层存在。由于 D、E 层电子密度小，不能形成反射条件，所以短波电波不会被反射。D、E 层对电波传输的影响主要是吸收电波，使电波能量损耗。F_2 层是反射层，其高度为 $250\sim300$ km，所以一次反射的最大距离约为 4000 km。

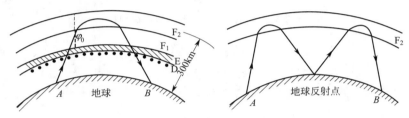

图 2-10　电离层结构示意图

由于电离层密度和厚度随时间随机变化，因此短波电波满足反射的频率范围也随时间变化。通常用最高可用频率给出工作频率上限。在白天，电离层较厚，F_2 层的电子密度较大，最高可用频率较高。在夜晚，电离层较薄，F_2 层的电子密度较小，最高可用频率要比白天低。

短波电离层反射信道最主要的特征是多径传播，多径传播有以下几种形式：

（a）电波从电离层的一次反射和两次反射；

（b）电离层反射区高度所形成的细多径；

（c）地球磁场引起的寻常波和非寻常波；

（d）电离层不均匀性引起的漫射现象。

以上 4 种形式如图 2-11 所示。

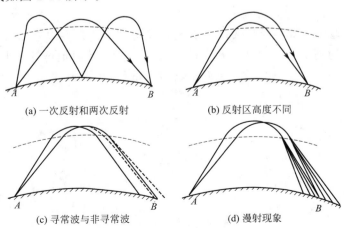

图 2-11　多径形式示意图

2.1.3　信道的数学模型

1）恒参信道特性及其数学模型

恒参信道对信号传输的影响是确定的或者是变化极其缓慢的。因此，可以等效为一个非时变的线性网络。从理论上来说，只要知道网络的传输特性，则利用信号通过线性系统的分析方法，就可求得信号通过恒参信道的变化规律。

线性网络的传输特性可以用幅度-频率特性（简称幅频特性）和相位-频率特性（简称相频特性）来表征。所以我们首先讨论理想情况下恒参信道的幅频特性和相频特性，然后分别讨论实际幅频特性和相频特性对信号传输的影响，最后给出具有加性高斯噪声的恒参信道数学模型。

（1）理想恒参信道特性。设输入信号为 $s_i(t)$，则无失真传输时，要求信道的输出信号

$$s_o(t) = K_o s_i(t - t_d) \tag{2.1-10}$$

式中，K_o 为传输系数，它可以表示放大或衰减一个固定值；t_d 为时间延迟，表示输出信号滞后输入信号一个固定的时间。对上式进行傅里叶变换得

$$S_o(\omega) = K_o e^{-j\omega t_d} S_i(\omega) \tag{2.1-11}$$

由式（2.1-11）得信道的传输函数为

$$H(\omega) = K_o e^{-j\omega t_d} \tag{2.1-12}$$

信道的幅频特性和相频特性分别定义为

$$\left\{ \begin{array}{l} |H(\omega)| = K_o \\ \varphi(\omega) = t_d \omega \end{array} \right\} \tag{2.1-13}$$

由此可见，无失真传输的条件是：信道的幅频特性在全频率范围内是一条水平线，高度为 K_o；信道的相频特性在全频范围内是一条通过原点的直线，直线的斜率为 t_d。

若信号的角频率严格限制在 $-\omega_H \sim \omega_H$ 范围内，则无失真传输的条件只要在区间 $(-\omega_H, \omega_H)$ 内满足即可。任何一个物理信号，它的频谱往往是很宽的，因而，严格地讲，无失真的信道也需要很宽的频带。在实际通信工程中，总是要求信道在信号的有限带宽之内尽量满足无失真传输条件，但是实际上是有失真传输，只不过，这种失真是控制在允许的范围内罢了。

信道的相频特性通常还采用群迟延-频率特性来衡量。所谓的群迟延-频率特性就是相频特性的导数。理想恒参信道的群迟延-频率特性可以表示为

$$\tau(\omega) = \frac{d\varphi(\omega)}{d\omega} = t_d \tag{2.1-14}$$

理想信道的幅频特性、相频特性和群迟延-频率特性曲线如图 2-12 所示。

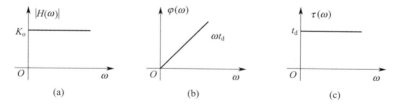

图 2-12　理想信道的幅频特性、相频特性和群迟延-频率特性曲线

（2）幅度-频率失真。幅度-频率失真是由实际信道的幅频特性的不理想所引起的，这种失真又称为频率失真，属于线性失真。图 2-13（a）所示是 CCITT M.1020 建议规定典型音频电话信道的幅度衰减特性。由图可见，衰减特性在 300～3000 Hz 频率范围内比较平坦；300 Hz 以下和 3000 Hz 以上衰耗增加很快，这种衰减特性正好适应人类话音信号传输。信道的幅频特性不理想会使通过它的信号波形产生失真。

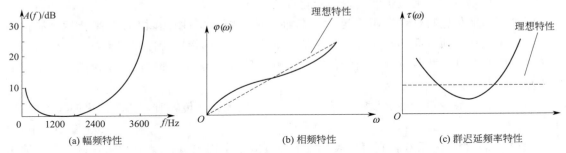

(a) 幅频特性   (b) 相频特性   (c) 群迟延频率特性

图 2-13 典型音频电话信道的幅频特性、相频特性和群迟延频率特性

（3）相位-频率失真。当信道的相频特性偏离线性关系时，会使通过信道的信号产生相位-频率失真，相位-频率失真也属于线性失真。图 2-13（b）、（c）分别给出了一个典型的电话信道的相频特性和群延迟频率特性（图中虚线为理想特性），可以看出，相频特性和群延迟频率特性都偏离了理想特性的要求，因此会使信号产生严重的相频失真或群延迟失真。

在话音传输中，由于人耳对相频失真不太敏感，因此相频失真对模拟话音传输影响不明显。如果传输数字信号，相频失真同样会引起码间干扰，特别当传输速率较高时，相频失真会引起严重的码间干扰，使误码率性能降低。由于相频失真也是线性失真，因此同样可以采用均衡器对相频特性进行补偿，改善信道传输条件。

（4）具有加性（高斯）噪声的恒参信道数学模型。

① 加性噪声信道。通信信道最简单的数学模型就是加性噪声信道，如图 2-14 所示，该信道的输入输出关系为

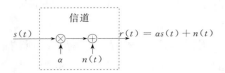

图 2-14 加性噪声信道

$$r(t) = \alpha s(t) + n(t) \tag{2.1-15}$$

式中，α 是信道的衰减因子，为常数；$s(t)$ 是信道的输入信号；$n(t)$ 是噪声，一般认为它是由接收机中的电子元件和放大器引入的，它是一个高斯随机过程。

② 具有加性噪声的线性滤波信道。一般的恒参信道可以看成是带宽有限的线性时不变信道，可以由图 2-15 所示的具有加性噪声的线性滤波信道的数学模型表述，信道的输出可以表示为

$$r(t) = s(t) * h(t) + n(t) = \int_{-\infty}^{\infty} h(\tau)s(t-\tau)d\tau + n(t) \tag{2.1-16}$$

式中，$h(t)$ 是信道的冲激响应，是一个线性滤波器；$s(t)$ 是信道的输入信号；$n(t)$

是加性噪声；符号 * 表示卷积运算。

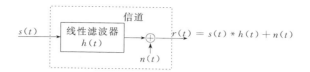

图 2-15 具有加性噪声的线性滤波信道

2）随参信道特性及其数学模型

前面给出了陆地移动信道和短波电离层反射信道这两种典型随参信道的实例，这些随参信道的传输媒质具有以下三个共同特点：对信号的衰耗随时间随机变化；信号传输的时延随时间随机变化；多径传播。

由于随参信道比恒参信道复杂得多，它对信号传输的影响也比恒参信道严重得多。下面将从两个方面进行讨论，最后给出具有加性高斯噪声的随参信道数学模型。

（1）多径衰落与频率弥散。陆地移动多径传播示意图如图 2-7 所示。基站天线发射的信号经过多条不同的路径到达移动台。假设发送信号为单一频率正弦波，即

$$s(t) = A\cos(\omega_c t) \tag{2.1-17}$$

多径信道一共有 n 条路径，各条路径具有时变衰耗和时变传输时延且从各条路径到达接收端的信号相互独立，则接收端接收到的合成波为

$$r(t) = a_1(t)\cos\omega_c[t - \tau_1(t)] + a_2(t)\cos\omega_c[t - \tau_2(t)] + \cdots + a_n(t)\cos\omega_c[t - \tau_n(t)]$$
$$= \sum_{i=1}^{n} a_i(t)\cos\omega_c[t - \tau_i(t)]$$

式中，$a_i(t)$ 为从第 i 条路径到达接收端的信号振幅；$\tau_i(t)$ 为第 i 条路径的传输时延。

传输时延可以转换为相位的形式，即

$$r(t) = \sum_{i=1}^{n} a_i(t)\cos[\omega_c t + \varphi_i(t)] \tag{2.1-18}$$

式中，$\varphi_i(t) = -\omega_c\tau_i(t)$，为从第 i 条路径到达接收端的信号的随机相位。

对于陆地移动信道、短波电离层反射信道等随参信道，其路径幅度 $a_i(t)$ 和相位函数 $\varphi_i(t)$ 虽然随时间变化，但与发射信号载波频率相比要缓慢得多。由窄带高斯随机过程分析可知，$r(t)$ 的包络服从瑞利分布，$r(t)$ 是一种衰落信号，$r(t)$ 的频谱是中心在 f_c 的窄带谱，由此可以得到以下两个结论。

① 多径传播使单一频率的正弦信号变成了包络和相位受调制的窄带信号，这种信号称为衰落信号，即多径传播使信号产生瑞利型衰落。

② 从频谱上看，多径传播使单一谱线变成了窄带频谱，即多径传播引起了频率弥散。当在多径信道中传输数字信号时，信号衰落会引起突发错误，对通信造成严重的危害。在数字通信中，通常采用交织编译码技术来减轻这种危害。

（2）频率选择性衰落与相关带宽。当发送信号是具有一定频带宽度的信号时，多径传播除了会使信号产生瑞利型衰落之外，还会产生频率选择性衰落。频率选择性衰落是多径传播的又一重要特征。

为了分析方便，假设多径传播的路径只有两条，如图 2-16 所示。其中，k 为两条路径的衰减系数，$\Delta\tau(t)$ 为两条路径信号传输的相对时延差。

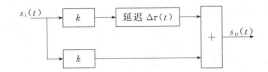

图 2-16 多径传播的路径有两条的信道模型

当信道输入信号为 $s_i(t)$ 时，输出信号为

$$s_o(t) = k s_i(t) + k s_i[t - \Delta\tau(t)]$$

其频域表达式为

$$S_o(\omega) = k S_i(\omega) + k S_i(\omega) e^{-j\omega\Delta\tau(t)} = k S_i(\omega)[1 + e^{-j\omega\Delta\tau(t)}] \tag{2.1-19}$$

信道传输函数为

$$H(\omega) = S_o(\omega)/S_i(\omega) = k[1 + e^{-j\omega\Delta\tau(t)}] \tag{2.1-20}$$

对于一般的实际多径传播，信道的传输特性将比两条路径信道传输特性复杂得多，但同样存在频率选择性衰落现象。多径传播时的相对时延差通常用最大多径时延差来表征。设信道最大多径时延差为 $\Delta\tau_m$，则定义多径传播信道的相关带宽为

$$B_c = \frac{1}{\Delta\tau_m} \tag{2.1-21}$$

它表示信道传输特性相邻两个零点之间的频率间隔。如果信号的频谱比相关带宽宽，则将产生严重的频率选择性衰落。为了减小频率选择性衰落，就应使信号的频谱小于相关带宽。在工程设计中，为了保证接收信号质量，通常选择信号带宽为相关带宽的 1/5～1/3。

当在多径信道中传输数字信号时，特别是传输高速数字信号时，频率选择性衰落将会引起严重的码间干扰。为了减小码间干扰的影响，就必须限制数字信号传输速率。

（3）时变线性滤波信道模型。为了设计分析方便，常常把具有加性高斯噪声的随参信道（陆地移动信道和短波信道等），表示成图 2-17 所示的形式，即时变线性滤波信道，信道中具有加性高斯噪声，信道的输入输出关系为

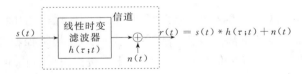

图 2-17 时变线性滤波信道模型

$$r(t) = s(t) * h(\tau;t) + n(t) = \int_{-\infty}^{\infty} h(\tau;t)s(t-\tau)\mathrm{d}\tau + n(t) \tag{2.1-22}$$

式中，信道中的滤波器是用时变冲激响应 $h(\tau;t)$ 来刻画的，$h(\tau;t)$ 是信道在时刻 $t-\tau$ 施加冲激在时间 t 的响应，自变量为 τ；$s(t)$ 是信道的输入信号；$n(t)$ 是加性噪声；$r(t)$ 是信道的输出信号；符号 * 表示卷积运算。

2.2 信道容量

1）信道容量

在有干扰的信道中，由于信道的带宽限制和噪声的存在，信道传输信息的最大能力是有

限的。信道容量是指信道传输信息的最大极限速率。

2）香农公式

根据香农信息论，对于连续信道，如果信道带宽为 B，并受到加性高斯白噪声的干扰，其信道容量 C 的理论公式为

$$C = B\log_2(1 + S/N) \quad (\text{b/s}) \tag{2.2-1}$$

式中，N 为白噪声平均功率；S 为信号平均功率；S/N 为信噪比。虽然上式是在一定条件下获得的，但对一般情况也可近似使用。该式即是著名的香农信道容量公式，简称香农公式，它是研究和评价通信系统原理和性能的理论基础。香农公式表明了当信号与作用在信道上的起伏噪声的平均功率给定时，具有一定频带宽度 B 的信道上，理论上单位时间内可能传输的信息量的极限数值。

由于噪声功率 N 与信道带宽 B 有关，故若噪声单边功率谱密度为 n_o（W/Hz）时，则噪声功率 $N = n_o B$。因此，香农公式的另一种形式为

$$C = B\log_2\left(1 + \frac{S}{n_o B}\right) \quad (\text{b/s}) \tag{2.2-2}$$

对香农信道容量公式的正确认识和理解是需要有个过程的，这里给出几点说明。

（1）注意香农信道容量公式的条件。通常信道是一个加性高斯白噪声信道，信道带宽没有限制，噪声是加性高斯白噪声（功率谱密度为有限制，且已知），发送信号带宽已知为 B（Hz）、其平均功率为 S（W）、瞬时取值的统计分布为高斯分布，接收端采用理想解调〔把带宽 B（Hz）内的信号全部取出，与信号不重叠的噪声全部去除〕，在这种情况下推导出了香农公式。

（2）可以这样理解香农公式，给定信道带宽为 B（Hz），信道无衰减（注意信道有衰减时要另当别论），发送信号平均功率 S（W）给定，噪声是加性高斯白噪声（功率谱密度为有限值，给定，且已知），在这些条件下推导得到了香农信道容量公式，该公式表明在这些条件下，信道可传输的最大信息速率。

一个连续信道的信道容量受 B、n_o、S 三个要素限制，只要这三个要素确定，则信道容量也就随之确定。因此根据香农公式可以得出以下重要结论：

（1）任何一个信道，都有信道容量 C。如果信源的信息速率 R_b 小于或等于信道容量 C，那么在理论上存在一种方法使信源的输出能以任意小的差错概率通过信道传输；如果 R_b 大于信道容量 C，则无差错传输在理论上是不可能实现的。因此，实际传输速率 R_b 一般不能大于信道容量 C，除非允许存在一定的差错率。

（2）增大信号功率 S 可以增加信道容量 C，若信号功率趋于无穷大，则信道容量也趋于无穷大，即 $\lim\limits_{S \to \infty} C \to \infty$。

（3）减小噪声功率 $N = n_o B$（或减小噪声功率谱密度 n_o），可增加信道容量 C。特别是，若噪声功率趋于零（或噪声功率谱密度趋于零），则信道容量趋于无穷大，即 $\lim\limits_{N \to 0} C \to \infty$。

（4）增加信道带宽 B，也可增加信道容量 C，但不能使信道容量无限制增大。信道带宽 B 趋于无穷大时，信道容量的极限值为

$$\lim_{B \to \infty} C = \frac{S}{n_o}\log_2 e \approx 1.44\frac{S}{n_o} \tag{2.2-3}$$

上式表明，当 S 和 n_0 一定时，信道容量随着信道带宽的增大而增大，然而当 $B \to \infty$ 时，信道容量不会趋于无穷大，而是趋于一个极限值（即是有限的），这是因为信道带宽 $B \to \infty$ 时，噪声功率 N 也趋于无穷大。

（1）给定的信道容量 C 可以用不同的带宽和信噪比的组合来传输。维持同样大小的信道容量，可以通过调整信道的 B 及 S/N 来达到，即信道容量可以通过系统带宽与信噪比的互换而保持不变。若减小带宽，则必须增大信噪比 S/N，即增加信号功率，反之亦然。因此，当信噪比太小而不能保证通信质量时，可采用宽带系统传输，用增加带宽降低对信噪比的要求，以改善通信质量。这就是所谓的用带宽换功率的措施。应当指出，带宽和信噪比的互换不是自动完成的，必须变换信号使之具有所要求的带宽。实际上这是由各种类型的调制和编码完成的，调制和编码的过程就是实现带宽和信噪比之间的互换手段。例如，如果 $S/N=7$，$B=4000\text{Hz}$，则可得 $C=12 \times 10^3 \text{b/s}$；但是，如果 $S/N=15$，$B=3000\text{Hz}$，则可得同样数值 C 值。这就提示我们，为达到某个实际传输速率，在系统设计时可以利用香农公式中的互换原理，确定合适的系统带宽和信噪比。

（2）由于信息速率 $C=I/T$，T 为传输时间，代入香农公式可得

$$I = TB\log_2(1+S/N) \tag{2.2-4}$$

可见，当信噪比 S/N 一定时，给定的信息量可以用不同的带宽和时间 T 的组合来传输。和带宽与信噪比互换类似，带宽与时间也可以互换。

通常，把实现了极限信息速率传送（即达到信道容量值）且能做到任意小差错率的通信系统，称为理想通信系统。香农只证明了理想通信系统的"存在性"，却没有指出具体的实现方法。但这并不影响香农定理在通信系统理论分析和工程实践中所起的重要指导作用。

3）香农公式的应用举例

由香农公式可以看出：对于一定的信道容量 C 来说，信道带宽 B、信号噪声功率比 S/N 及传输时间三者之间可以互相转换。若增加信道带宽，可以换来信号噪声功率比的降低，反之亦然。如果信号噪声功率比不变，那么增加信道带宽可以换取传输时间的减少，等等。如果信道容量 C 给定，互换前的带宽和信号噪声功率比分别为 B_1 和 S_1/N_1，互换后的带宽和信号噪声功率比分别为 B_2 和 S_2/N_2，则有

$$B_1\log_2(1+S_1/N_1) = B_2\log_2(1+S_2/N_2) \tag{2.2-5}$$

由于信道的噪声单边功率谱密度 n_0 往往是给定的，所以上式也可写成

$$B_1\log_2(1+S_1/n_0 B_1) = B_2\log_2(1+S_2/n_0 B_2) \tag{2.2-6}$$

例如，设互换前信道带宽 $B_1=3\text{kHz}$，希望传输的信息速率为 10^4b/s。为了保证这些信息能够无误地通过信道，则要求信道容量至少要 10^4b/s 才行。互换前，在 3kHz 带宽情况下，使得信息传输速率达到 10^4b/s，要求信噪比 $S_1/N_1 \approx 9$。如果将带宽信号功率（信噪比）进行互换，设互换后的信道带宽 $B_2=10\text{kHz}$。这时，信息传输速率仍为 10^4b/s，则所需要的信噪比 $S_2/N_2=1$。

可见，信道带宽 B 的变化可使输出信噪功率比也变化，而保持信息传输速率不变。这种信噪比和带宽的互换性在通信工程中有很大的用处。例如，在宇宙飞船与地面的通信中，飞船上的发射功率不可能做得很大，因此可用增大带宽的方法来换取对信噪比要求的降低。相反，如果信道频带比较紧张，如有线载波电话信道，这时主要考虑频带利用率，可用提高信号功率来增加信噪比，或采用多进制的方法来换取较窄的频带。

虽然举例讨论的是带宽和信噪比的互换，从香农公式可以看出，带宽或信噪比与传输时间也存在着互换关系，在此不再赘述。

2.3　信道的加性噪声

前面已经指出，调制信道对信号的影响除乘性干扰外，还有加性干扰（即加性噪声）。加性噪声虽然独立于有用信号，但它却始终存在，干扰有用信号，因而不可避免地对通信造成危害。本节讨论信道中的加性噪声，内容包括信道内各种噪声的分类及性质，以及定性地说明它们对信号传输的影响。

信道中加性噪声的来源是很多的，它们表现的形式也多种多样。根据它们的来源不同，一般可以粗略地分为以下四类。

（1）无线电噪声。它来源于各种用途的外台无线电发射机。这类噪声的频率范围很宽广，从甚低频到特高频都可能有无线电干扰存在，并且干扰的强度有时很大。不过，这类干扰有个特点，就是干扰频率是固定的，因此可以预先设法防止或避开。特别是在加强了无线电频率的管理工作后，无论在频率的稳定性、准确性以及谐波辐射等方面都有严格的规定，使得信道内信号受它的影响可减到最低程度。

（2）工业噪声。它来源于各种电气设备，如电力线、点火系统、电车、电源开关、电力铁道、高频电炉等。这类干扰来源分布很广泛，无论是城市还是农村，内地还是边疆，各地都有工业干扰存在。尤其是在现代化社会里，各种电气设备越来越多，因此这类干扰的强度也就越来越大。但它也有个特点，就是干扰频谱集中于较低的频率范围，例如几十兆赫兹以内。因此，选择高于这个频段工作的信道就可防止受到它的干扰。另外，我们也可以在干扰源方面设法消除或减小干扰的产生，例如加强屏蔽和滤波措施，防止接触不良和消除波形失真。

（3）天电噪声。它来源于闪电、大气中的磁暴、太阳黑子以及宇宙射线（天体辐射波）等。可以说整个宇宙空间都是产生这类噪声的根源。因此它的存在是客观的。由于这类自然现象和发生的时间、季节、地区等很有关系，因此受天电干扰的影响也是大小不同的。例如，夏季比冬季严重，赤道比两极严重，在太阳黑子发生变动的年份天电干扰更为加剧。这类干扰所占的频谱范围很宽，并且不像无线电干扰那样频率是固定的，因此对它所产生的干扰影响很难防止。

（4）内部噪声。它来源于信道本身所包含的各种电子器件、转换器以及天线或传输线等。例如，电阻及各种导体都会在分子热运动的影响下产生热噪声，电子管或晶体管等电子器件会由于电子发射不均匀等产生散弹噪声。这类干扰的特点是由无数个自由电子作不规则运动所形成的，因此它的波形也是不规则变化的，在示波器上观察就像一堆杂乱无章的茅草一样，通常称之为起伏噪声。由于在数学上可以用随机过程来描述这类干扰，因此又可称为随机噪声，或者简称为噪声。

以上是从噪声的来源来分类的，优点是比较直观。但是，从防止或减小噪声对信号传输影响的角度考虑，按噪声的性质上来分类会更为有利。

从噪声性质来区分有以下几种。

（1）单频噪声。它主要指无线电干扰。因为电台发射的频谱集中在比较窄的频率范围内，因此可以近似地看作是单频性质的。另外，像电源交流电，反馈系统自激振荡等也都属于单频干扰。它的特点是一种连续波干扰，并且其频率是可以通过实测来确定的，因此在采取适当的措施后就有可能防止。

（2）脉冲干扰。它包括工业干扰中的电火花、断续电流以及天电干扰中的闪电等。它的特点是波形不连续，呈脉冲性质。并且发生这类干扰的时间很短，强度很大，而周期是随机的，因此它可以用随机的窄脉冲序列来表示。由于脉冲很窄，所以占用的频谱必然很宽。但是，随着频率的提高，频谱幅度逐渐减小，干扰影响也就减弱。因此，在适当选择工作频段的情况下，这类干扰的影响也是可以防止的。

（3）起伏噪声。它主要指信道内部的热噪声和散弹噪声以及来自空间的宇宙噪声。它们都是不规则的随机过程，只能采用大量统计的方法来寻求其统计特性。由于起伏噪声来自信道本身，因此它对信号传输的影响是不可避免的。

根据以上分析，我们可以认为，尽管对信号传输有影响的加性干扰种类很多，但是影响最大的是起伏噪声，它是通信系统最基本的噪声源。通信系统模型中的"噪声源"就是分散在通信系统各处加性噪声（以后简称噪声）——主要是起伏噪声的集中表示，它概括了信道内所有的热噪声、散弹噪声和宇宙噪声等。

需要说明的是，虽然脉冲干扰在调制信道内的影响不如起伏噪声那样大，因此在一般的模拟通信系统内可以不必专门采取什么措施来对付它。但是在编码信道内这类突发性的脉冲干扰往往对数字信号的传输带来严重的后果，甚至发生一连串的误码。因此为了保证数字通信的质量，在数字通信系统内经常采用差错控制技术，它能有效地对抗突发性脉冲干扰，详细分析可在有关参考资料内找到。

2.4 通信中的常见噪声

2.4.1 白噪声

1）白噪声

在通信系统中，经常碰到的噪声之一就是白噪声。所谓白噪声是指它的功率谱密度函数在整个频域（$-\infty \leqslant \omega \leqslant +\infty$）内是常数，都是均匀分布（相同大小）的噪声（一般不特别声明，我们所讨论的白噪声的概率分布都是高斯的）。之所以称它为"白"噪声，是因为它类似于光学中包括全部可见光频率在内的白光。凡是不符合上述条件的噪声就称为有色噪声。

白噪声的功率谱密度函数通常被定义为

$$P_n(\omega) = \frac{n_o}{2} , (-\infty \leqslant \omega \leqslant +\infty) \tag{2.4-1}$$

式中，n_o 是一个常数，单位取"瓦/赫"（W/Hz）。若采用单边频谱，即频率在（$0 \sim +\infty$）的范围内，白噪声的功率谱密度函数又常写成

$$P_n(\omega) = n_o, (0 < \omega < +\infty) \tag{2.4-2}$$

由信号分析的有关理论可知，功率信号的功率谱密度与其自相关函数 $R(\tau)$ 互为傅氏变

换对，即

$$R(\tau) \leftrightarrow P_n(\omega) \tag{2.4-3}$$

因此，白噪声的自相关函数为

$$R_n(\tau) = \frac{1}{2\pi} \int_{-\infty}^{+\infty} \frac{n_o}{2} e^{j\omega\tau} d\omega = \frac{n_o}{2} \delta(\tau) \tag{2.4-4}$$

白噪声的自相关函数仅在 $\tau = 0$ 时才不为零；而对于其他任意的 τ 它都为零。这说明，白噪声只有在 $\tau = 0$ 时才相关，而它在任意两个时刻上的随机变量都是不相关的。白噪声的自相关函数及其功率谱密度，如图 2-18(a) 所示。

实际上完全理想的白噪声是不存在的，通常只要噪声功率谱密度函数均匀分布的频率范围远远超过通信系统工作频率范围时，就可近似认为是白噪声。例如，热噪声的频率可以高到 $10^{13}\,\mathrm{Hz}$，且功率谱密度函数在 $0 \sim 10^{13}\,\mathrm{Hz}$ 内基本均匀分布，因此可以将它看作白噪声。

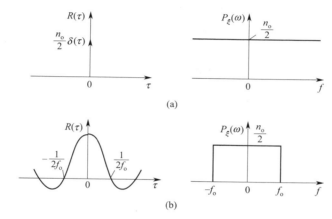

图 2-18　白噪声与带限白噪声的相关函数与谱密度

2）带限白噪声

如果噪声被限制在 $(-f_o, f_o)$ 之内，且在该频率区间范围内有 $P_\xi(\omega) = n_o/2$，在该区间外 $P_\xi(\omega) = 0$，则这样的噪声被称为带限白噪声。带限白噪声的自相关函数为

$$R(\tau) = \int_{-f_o}^{f_o} \frac{n_o}{2} e^{j2\pi f\tau} df = f_o n_o \frac{\sin\omega_o\tau}{\omega_o\tau} \tag{2.4-5}$$

式中，$\omega_o = 2\pi f_o$。由此看到，带限白噪声只有在 $\tau = k/2f_o\,(k=1,2,3,\cdots)$ 上得到的随机变量才不相关。即：如果对带限白噪声按抽样定理最低抽样速率抽样的话，则各抽样值是互不相关的随机变量。带限白噪声的自相关函数与功率谱密度如图 2-18(b) 所示。

2.4.2　高斯噪声

高斯随机过程又称正态随机过程，是实际应用中非常重要又普遍存在的随机过程。在信号检测、通信系统、电子测量等许多应用中，高斯噪声是最重要的一种随机过程，自始至终都必须考虑。此外，在许多特殊应用场合，通常假设讨论的对象具有高斯特性。高斯随机过程的统计特性及其线性变换具有许多独特的性质。所有这些，都促使人们深入研究这类随机信号与系统的各种性质与关系。

所谓高斯噪声是指它的概率密度函数服从高斯分布（即正态分布）的一类噪声。其一维

概率密度函数可用数学表达式表示为

$$p(x) = \frac{1}{\sqrt{2\pi}\sigma} \exp\left[-\frac{(x-a)^2}{2\sigma^2}\right] \tag{2.4-6}$$

式中，a 为噪声的数学期望值，也就是均值；σ^2 为噪声的方差。

通常，通信信道中噪声的均值 $a = 0$。由此，我们可得到一个重要的结论：在噪声均值为零时，噪声的平均功率等于噪声的方差。证明如下：

因为噪声的平均功率

$$P_n = \frac{1}{2\pi} \int_{-\infty}^{+\infty} P_n(\omega) \mathrm{d}\omega = R(0) \tag{2.4-7}$$

而噪声的方差为

$$\sigma^2 = D[n(t)] = E\{[n(t) - E(n(t))]^2\}$$
$$= E[n^2(t)] - [E(n(t))]^2 = R(0) - a^2 = R(0) \tag{2.4-8}$$

所以，有

$$P_x = \sigma^2 \tag{2.4-9}$$

上述结论非常有用，在通信系统的性能分析中，常常通过求自相关函数或方差的方法来计算噪声的功率。

由于高斯噪声在后续章节中计算系统抗噪声性能时要反复用到，下面予以进一步讨论。

由公式 (2.4-6) 容易看出高斯噪声的一维概率密度函数 $p(x)$ 具有如下特性。

(1) $p(x)$ 对称于 $x = a$ 直线，即有

$$p(a+x) = p(a-x) \tag{2.4-10}$$

(2) $p(x)$ 在 $(-\infty, a)$ 内单调上升，在 $(a, +\infty)$ 内单调下降，且在点 a 处达到极大值 $\frac{1}{\sqrt{2\pi}\sigma}$。当 $x \to \pm\infty$ 时，$p(x) \to 0$。

(3) $\int_{-\infty}^{+\infty} p(x)\mathrm{d}x = 1$，$\int_{-\infty}^{a} p(x)\mathrm{d}x = \int_{a}^{+\infty} p(x)\mathrm{d}x = \frac{1}{2}$。

(4) a 表示分布中心，σ 表示集中的程度。对不同的 a，表现为 $p(x)$ 的图形左右平移；对不同的 σ，$p(x)$ 的图形将随 σ 的减小而变高和变窄。

(5) 当 $a = 0$，$\sigma = 1$ 时，相应的正态分布称为标准化正态分布，这时有

$$p(x) = \frac{1}{\sqrt{2\pi}} \exp\left(-\frac{x^2}{2}\right) \tag{2.4-11}$$

现在再来看正态概率分布函数 $F(x)$。概率分布函数 $F(x)$ 用来表示随机变量 x 的概率分布情况，按照定义，它是概率密度函数 $F(x)$ 的积分，即

$$F(x) = \int_{-\infty}^{x} p(z)\mathrm{d}z \tag{2.4-12}$$

将式 (2.4-6) 正态概率密度函数代入，得正态概率分布函数 $F(x)$ 为

$$F(x) = \int_{-\infty}^{x} p(z)\mathrm{d}z = \int_{-\infty}^{x} \frac{1}{\sqrt{2\pi}\sigma} \exp\left[-\frac{(z-a)^2}{2\sigma^2}\right]\mathrm{d}z$$

$$= \frac{1}{\sqrt{2\pi}\sigma} \int_{-\infty}^{x} \exp\left[-\frac{(z-a)^2}{2\sigma^2}\right]\mathrm{d}z \tag{2.4-13}$$

这个积分不易计算，常引入误差函数来表述。所谓误差函数，它的定义式为

$$erf(x) = \frac{2}{\sqrt{\pi}} \int_0^x e^{-z^2} dz \qquad (2.4\text{-}14)$$

并称 $1-erf(x)$ 为互补误差函数，记为 $erfc(x)$，即

$$erfc(x) = 1 - erf(x) = \frac{2}{\sqrt{\pi}} \int_x^{\infty} e^{-z^2} dz \qquad (2.4\text{-}15)$$

可以证明，利用误差函数的概念，正态分布函数可表示为

$$F(x) = \begin{cases} \dfrac{1}{2} + \dfrac{1}{2} erf \dfrac{x-a}{\sqrt{2}\sigma}, & x \geqslant a \\[3mm] 1 - \dfrac{1}{2} erfc \dfrac{x-a}{\sqrt{2}\sigma}, & x \leqslant a \end{cases} \qquad (2.4\text{-}16)$$

用误差函数表示 $F(x)$ 的好处是，借助于一般数学手册所提供的误差函数表，可方便查出不同 x 值时误差函数的近似值，避免了式(2.4-13)的复杂积分运算。此外，误差函数的简明特性特别有助于通信系统的抗噪性能分析，在后续的内容中将会看到，式(2.4-14)和式(2.4-15)在讨论通信系统抗噪声性能时，非常有用。

为了方便以后分析，在此给出误差函数和互补误差函数的主要性质。

(1) 误差函数是递增函数，它具有如下性质：

① $erf(-x) = -erf(x)$；

② $erf(\infty) = 1$。

(2) 互补误差函数是递减函数，它具有如下性质：

① $erf(\infty) = 1$；

② $erfc(\infty) = 0$；

③ $erfc(x) \approx \dfrac{1}{\sqrt{\pi} x} e^{-x^2}, x \geqslant 1$。

2.4.3 高斯型白噪声

白噪声是根据噪声的功率谱密度是否均匀来定义的，而高斯噪声则是根据它的概率密度函数呈正态分布来定义的，那么什么是高斯型白噪声呢？

高斯型白噪声也称高斯白噪声，是指噪声的概率密度函数满足正态分布统计特性，同时它的功率谱密度函数是常数的一类噪声。这里值得注意的是，高斯型白噪声同时涉及噪声的两个不同方面，即概率密度函数的正态分布性和功率谱密度函数均匀性，二者缺一不可。

在通信系统的理论分析中，特别是在分析、计算系统抗噪声性能时，经常假定系统中信道噪声（即前述的起伏噪声）为高斯型白噪声。其原因在于，一是高斯型白噪声可用具体的数学表达式表述［比如，只要知道了均值 α 和方差 σ^2，则高斯白噪声的一维概率密度函数便可由式(2.4-6)确定；只要知道了功率谱密度值 $n_0/2$，高斯白噪声的功率谱密度函数便可由式(2.4-1)决定］，便于推导分析和运算；二是高斯型白噪声确实反映了实际信道中的加性噪声情况，比较真实地代表了信道噪声的特性。

2.4.4 窄带高斯噪声

通信的目的在于传递信息，通信系统的组成往往是为携带信息的信号提供一定带宽的通

道，其作用在于一方面让信号畅通无阻，同时最大限度地抑制带外噪声。所以实际通信系统往往是一个带通系统。下面研究带通情况下的噪声情况。

1) 窄带高斯噪声的定义与表达式

当高斯噪声通过以 ω_c 为中心角频率的窄带系统时，就可形成窄带高斯噪声。所谓窄带系统是指系统的频带宽度 Δf 远远小于其中心频率 f_c 的系统，即 $\Delta f \ll f_c = \omega_c/2\pi$ 的系统。这是符合大多数信道的实际情况的。

窄带高斯噪声的特点是频谱局限在 $\pm \omega_c$ 附近很窄的频率范围内，其包络和相位都在作缓慢随机变化。如用示波器观察其波形，它是一个频率近似为 f_c，包络和相位随机变化的正弦波。

因此，窄带高斯噪声 $n(t)$ 可表示为

$$n(t) = \rho(t)\cos[\omega_c t + \varphi(t)] \tag{2.4-17}$$

式中，$\rho(t)$ 为噪声 $n(t)$ 的随机包络；$\varphi(t)$ 为噪声 $n(t)$ 的随机相位。相对于载波 $\cos\omega_c t$ 的变化而言，它们的变化要缓慢得多。

窄带高斯噪声的频谱和波形示意图如图 2-19 所示。

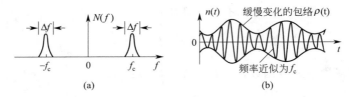

图 2-19　窄带高斯噪声的频谱及波形

将式(2.4-17)展开，可得窄带高斯噪声的另外一种表达形式，即

$$
\begin{aligned}
n(t) &= \rho(t)\cos\varphi(t)\cos\omega_c t - \rho(t)\sin\varphi(t)\sin\omega_c t \\
&= n_c(t)\cos\omega_c t - n_s(t)\sin\omega_c t
\end{aligned} \tag{2.4-18}
$$

其中

$$n_c(t) = \rho(t)\cos\varphi(t) \tag{2.4-19}$$

$$n_s(t) = \rho(t)\sin\varphi(t) \tag{2.4-20}$$

式中，$n_c(t)$ 及 $n_s(t)$ 分别称为 $n(t)$ 的同相分量和正交分量。可以看出，它们的变化相对于载波 $\cos\omega_c t$ 的变化也要缓慢得多。

2) 统计特性

由式(2.4-17)及式(2.4-18)可以看出，窄带高斯噪声 $n(t)$ 的统计特性可由 $\rho(t)$、$\varphi(t)$ 或 $n_c(t)$、$n_s(t)$ 的统计特性确定。反之，由 $n(t)$ 的统计特性也可确定 $\rho(t)$、$\varphi(t)$ 或 $n_c(t)$、$n_s(t)$ 的统计特性。下面将不加证明地给出几个今后特别有用的结论。

(1) 一个均值为零，方差为 σ_n^2 的窄带高斯噪声 $n(t)$，假定它是平稳随机过程（通信系统中的噪声一般均满足），则它的同相分量 $n_c(t)$、正交分量 $n_s(t)$ 同样是平稳高斯噪声，且均值都为零，方差也相同。即

$$E[n(t)] = E[n_c(t)] = E[n_s(t)] = 0 \tag{2.4-21}$$

$$D[n(t)] = D[n_c(t)] = D[n_s(t)] \tag{2.4-22}$$

式(2.4-22)常可表示为

$$\sigma_n^2 = \sigma_c^2 = \sigma_s^2 \qquad (2.4\text{-}23)$$

这里，σ_n^2、σ_c^2、σ_s^2 分别表示窄带高斯噪声 $n(t)$、同相分量 $n_c(t)$ 和正交分量 $n_s(t)$ 的方差（亦即功率）。

（2）一个均值为零，方差为 σ_n^2 的窄带高斯噪声 $n(t)$，假定它是平稳随机过程，则其随机包络 $\rho(t)$ 服从瑞利分布，相位 $\varphi(t)$ 服从均匀分布。即

$$p(\rho) = \frac{\rho}{\sigma^2} \exp\left[-\frac{\rho^2}{2\sigma^2}\right], \ \rho \geq 0 \qquad (2.4\text{-}24)$$

$$p(\varphi) = \frac{1}{2\pi}, \ 0 \leq \varphi \leq 2\pi \qquad (2.4\text{-}25)$$

$p(\rho)$ 和 $p(\varphi)$ 的波形如图 2-20 所示。

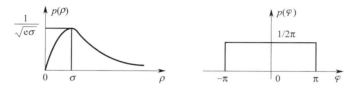

图 2-20 窄带高斯噪声的包络和相位概率密度函数曲线

本章小结

信道是信号传输的通道。根据信道的特性设计更加合理有效的发信设备和接收设备，对提高通信的质量（有效性和可靠性）非常重要。

通常将信道分成两大类。常见的恒参信道有架空明线、电缆、中长波地波传播、超短波及微波视距传播、人造卫星中继等。常见的随参信道有陆地移动通信、短波电离层反射信道等。

信道容量是信道中信息无差错传输的最大速率。通常用香农的信道容量公式估算实际信道最大的信息传输能力。

本章把常遇到的实际信道归纳为两种比较简单的具有代表意义的信道数学模型，其一是具有加性噪声的线性滤波信道，其二是具有加性噪声的时变线性滤波信道。

信道中都存在加性噪声，它会对信号传输产生影响，本书中所考虑的加性噪声与信号相互独立，并且始终存在，其瞬时取值服从高斯分布，均值为零。

通信系统中常常遇到一种噪声——高斯噪声（包括高斯白噪声、窄带高斯噪声等），本章讨论了它们的特性及功率谱密度，在后续章节中还将分析通信系统的抗噪声性能。

2-1 如何区分一个信道是恒参信道还是随参信道？通信中常用的信道哪些属于恒参信道？哪些属于随参信道？

2-2　香农公式有何意义？信道带宽和信噪比是如何实现互换的？

2-3　随参信道的主要特点是什么？信号在随参信道中传输会产生哪些衰落现象？

2-4　将 10 路频率范围为 0～4kHz 的信号进行频分复用传输，邻路间防护频带为 500Hz，试求采用下列调制方式时的最小传输带宽。

（1）调幅（AM）；

（2）双边带调幅（DSB）；

（3）单边带调幅（SSB）。

2-5　有一频分复用系统，传输 60 路话音信号，每路频带限制在 3400Hz 以下，若防护频带为 500Hz，若第一次用 DSB 方式调制，第二次用 FM 方式调制，且最大频偏为 800kHz，求该系统所需最小传输带宽。

2-6　具有 5MHz 带宽的某高斯信道，若信道中信号功率与噪声功率之比为 15。

（1）求其信道容量？

（2）若发送这些信息需要 5min，则求其平均信息量？

2-7　设理想信道的传输函数为

$$H(\omega) = K_0 e^{-j\omega t_d}$$

式中，K_0 和 t_d 都是常数。试分析信号 $S(t)$ 通过该理想信道后的输出信号的时域和频域表达式。

2-8　假设某随参信道有两条路径，路径时差为 $\tau = 1\text{ms}$，试求：该信道在哪些频率上传输衰耗最大？哪些频率范围传输信号最有利？

第 3 章

模拟调制

【内容提要】本章首先介绍模拟通信系统中的调制解调技术，主要讨论了其时域关系、频域关系及其相关特性等；然后通过分析不同模拟调制解调系统的抗噪声性能，了解各种系统的抗噪声能力，有助于我们在实际应用中正确地选用调制方式，优化模拟通信系统的性能；最后通过介绍频分复用技术，加深对调制技术的了解与应用。

模拟调制是指用来自信源的模拟基带信号去控制高频载波的某个参数，使该基带信号被"载"到这个高频载波上。解调是调制的逆过程，是将模拟基带信号从高频已调信号中还原出来。调制和解调是通信系统的重要环节，在模拟通信系统中发送设备和接收设备的主要功能就是进行调制和解调。虽然现在数字通信有取代模拟通信的趋势，但现有通信装备中仍有模拟制式，并将会很长一段时间内继续存在。因此，有必要对各种模拟调制和解调的原理、方法、技术及系统性能进行简要介绍。

3.1 幅度调制（线性调制）的原理

1）调制的基本概念

调制信号（基带信号）：来自信源的基带信号，具有较低的频谱分量，不适合在多数信道中传输。

载波（被调制信号）：未受调制的高频周期性振荡信号，起运载原始信号的作用，适合在信道中传送，模拟调制载波为正弦波。

载波调制：按调制信号的变化规律去控制载波的某些参数的过程称为载波调制。

已调信号：载波受到调制后称为已调信号。

解调：调制的逆过程，作用是将已调信号中的调制信号恢复出来。

2）调制的过程

调制的过程如图 3-1 所示。首先信息源产生的原始调制信号（基带信号）→频率较低→不能在大多数信道内直接传输→需要用调制信号通过调制器对高频载波信号的参数进行调制→使载波携带调制信号的信息→变换成适合在信道内传输的已调信号在信道内传输→输出给解调器，对已调信号进行解调→转换回调制信号，被受信者接受。

3）调制在通信系统中的作用

调制的实质是频谱搬移，其作用和目的如下。

（1）调制是把基带信号频谱搬移到一定的频带范围以适应信道的要求。

图 3-1　调制的过程

（2）容易辐射。为了充分发挥天线的辐射能力，一般要求天线的尺寸和发射信号的波长在同一个数量级。例如常用天线的长度为 1/4 波长，如果把基带信号直接通过天线发射，那么天线的长度将为几十至几百千米的量级，显然这样的天线是无法实现的。因此为了使天线容易辐射，一般都把基带信号调制到较高的频率（一般调制到几百千赫兹到几百兆赫兹甚至更高的频率）。

（3）实现频率分配。为使各个无线电台发出的信号互不干扰，每个电台都被分配给不同的频率。这样利用调制技术把各种话音、音乐、图像等基带信号调制到不同的载频上，以便用户任意选择各个电台，收看、收听所需节目。

（4）实现多路复用。如果信道的通带较宽，可以用一个信道传输多个基带信号，只要把基带信号分别调制到相邻的载波，然后将它们一起送入信道传输即可。这种在载频域上实行的多路复用称为频分复用。

（5）减少噪声和干扰的影响，提高系统抗干扰能力。噪声和干扰的影响不可能完全消除，但是可以通过选择适当的调制方式来减少它们的影响。不同的调制方式具有不同的抗噪声性能，例如利用调制使已调信号的传输带宽远大于基带信号的带宽，用增加带宽的方法换取噪声影响的减少，这是通信系统设计的一个重要内容。像调频信号的传输带宽比调幅的宽得多，结果是提高了输出信噪比，减少了噪声的影响。

4）调制的分类

（1）根据调制信号分类

模拟调制：调制信号是连续变化的模拟量，通常以单音正弦波为代表。

数字调制：调制信号是离散的数字量，通常以二进制数字脉冲为代表。

（2）根据载波分类

连续载波调制：载波信号为连续波形，通常可用单频正弦波为代表。

脉冲载波调制：载波信号为脉冲波，通常用矩形周期脉冲为代表。

（3）根据调制器的功能分类

幅度调制：调制信号改变载波信号的振幅参数，即利用幅度变化来传送的信息。如调幅（AM）、脉冲振幅调制（PAM）和振幅键控（ASK）等。

频率调制：调制信号改变载波信号的频率参数，即利用频率变化来传送的信息。如调频（FM）、脉冲频率调制（PFM）和频率键控（FSK）等。

相位调制：调制信号改变载波信号的相位参数，即利用相位变化来传送的信息。如调相（PM）、脉冲位置调制（PPM）、相位键控（PSK）等。

（4）根据调制前后信号的频谱结构关系分类

线性调制：输出已调信号的频谱和调制信号的频谱之间呈线性关系，如（AM）、双边带调制（DSB）、单边带调制（SSB）等。

非线性调制：输出已调信号的频谱和调制信号的频谱之间没有线性对应关系，即已调信号的频谱中含有与调制信号频谱无线性对应关系的频谱成分，如 FM、FSK 等。

3.1.1　幅度调制的一般模型

幅度调制（线性调制）是用调制信号去控制高频正弦载波的振幅，使其按调制信号作线性变化的过程。

幅度调制器的一般模型如图 3-2 所示。

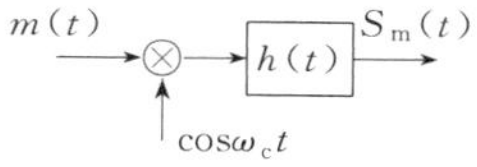

图中，$m(t)$ 为调制信号，$S_m(t)$ 为已调信号，$h(t)$ 为滤波器的冲激响应。从图中可得到已调信号的时域和频域一般表达式分别为：

$$S_m(t) = [m(t)\cos\omega_c t]h(t) \tag{3.1-1}$$

图 3-2　幅度调制器的一般模型

$$S_m(\omega) = \frac{1}{2}[M(\omega+\omega_c)+M(\omega-\omega_c)]H(\omega) \tag{3.1-2}$$

式中，$M(\omega)$ 为调制信号 $m(t)$ 的频谱；$H(\omega) \Leftrightarrow h(t)$；$\omega_c$ 为载波角频率。

图 3-2 之所以称为调制器的一般模型，是因为在该模型中，适当选择滤波器的特性 $H(\omega)$，便可得到各种幅度调制信号，例如：常规双边带调幅（AM）、抑制载波双边带调幅（DSB）、单边带调制（SSB）和残留边带调制（VSB）信号等。

由以上表达式可见，对于幅度调制信号，在波形上，它的幅度随基带信号规律而变化；在频谱结构上，它的频谱完全是基带信号频谱结构在频域内的简单搬移（精确到常数因子）。由于这种搬移是线性的，因此幅度调制通常又称为线性调制，相应地，幅度调制系统也称为线性调制系统。但应注意的是，这里的"线性"并不意味着已调信号与调制信号之间符合线性关系。事实上，任何调制过程都是一种非线性的变换过程。

3.1.2　常规双边带调幅（AM）

常规双边带调制是指用调制信号叠加一个直流分量后，去控制载波的振幅，使已调信号的包络按照调制信号的规律变化。

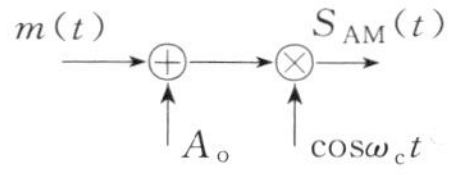

图 3-3　AM 调制器模型

1）常规双边带调制信号的时域和频域表示

在图 3-2 中，若假设滤波器为全通网络 $[H(\omega)=1]$，调制信号 $m(t)$ 叠加直流 A_0 后再与载波相乘，则输出的信号就是常规双边带调幅（AM）信号。AM 调制器模型如图 3-3 所示。

AM 信号的时域和频域表示式分别为：

$$S_{AM}(t) = [A_0+m(t)]\cos\omega_c(t) = A_0\cos\omega_c t+m(t)\cos\omega_c(t) \tag{3.1-3}$$

$$S_{AM}(\omega) = \pi A_0[\delta(\omega+\omega_c)+\delta(\omega-\omega_c)]+\frac{1}{2}[M(\omega+\omega_c)+M(\omega-\omega_c)] \tag{3.1-4}$$

式中，A_0 为外加的直流分量；$m(t)$ 可以是确知信号也可以是随机信号，但通常认为其平均值为 0，即 $\overline{m(t)}=0$。

AM 信号的典型波形和频谱分别如图 3-4（a）、（b）所示，图中假定调制信号 $m(t)$ 的上限频率为 ω_H。显然，调制信号 $m(t)$ 的带宽为 $B_m=f_H$。

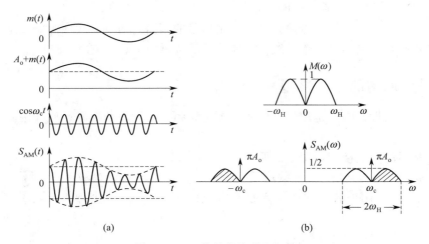

图 3-4　AM 信号的波形和频谱

由图 3-4(a) 可见，AM 信号波形的包络与输入基带信号 $m(t)$ 成正比，故用包络检波的方法很容易恢复原始调制信号。但为了保证包络检波时不发生失真，必须满足 $A_o \geqslant |m(t)|_{max}$，否则将出现过调幅现象而带来失真。

由图 3-4(b) 的频谱图可知，AM 信号的频谱 $S_{AM}(\omega)$ 是由载频分量和上、下两个边带组成（通常称频谱中画斜线的部分为上边带，不画斜线的部分为下边带）。上边带的频谱与原调制信号的频谱结构相同，下边带是上边带的镜像。显然，无论是上边带还是下边带，都含有原调制信号的完整信息。故 AM 信号是带有载波的双边带信号，它的带宽为基带信号带宽的两倍，即

$$B_{AM} = 2B_m = 2f_H \tag{3.1-5}$$

式中，$B_m = f_H$，为调制信号 $m(t)$ 的带宽；f_H 为调制信号的最高频率。

2）AM 信号的功率分配及调制效率

AM 信号在 1Ω 电阻上的平均功率应等于 $S_{AM}(t)$ 的均方值。当 $m(t)$ 为确知信号时，$S_{AM}(t)$ 的均方值即为其平方的时间平均，即

$$P_{AM} = \overline{S_{AM}^2(t)} = \overline{[A_o + m(t)]^2 \cos^2 \omega_c t}$$
$$= \overline{A_o^2 \cos^2 \omega_c t} + \overline{m^2(t) \cos^2 \omega_c t} + \overline{2A_o m(t) \cos^2 \omega_c t}$$

因为调制信号不含直流分量，即 $\overline{m(t)} = 0$，且 $\overline{\cos^2 \omega_c t} = 1/2$，所以

$$P_{AM} = \frac{A_o^2}{2} + \frac{\overline{m^2(t)}}{2} = P_c + P_s \tag{3.1-6}$$

式中，$P_c = A_o^2/2$ 为载波功率；$P_s = \overline{m^2(t)}/2$ 为边带功率，它是调制信号功率 $P_m = \overline{m^2(t)}$ 的一半。由此可见，常规双边带调幅信号的平均功率包括载波功率和边带功率两部分。只有边带功率分量与调制信号有关，载波功率分量不携带信息。我们定义调制效率为

$$\eta_{AM} = \frac{P_s}{P_{AM}} = \frac{\overline{m^2(t)}}{A_o^2 + \overline{m_2(t)}} \tag{3.1-7}$$

显然，AM 信号的调制效率总是小于 1。

3）AM 信号的解调

调制过程的逆过程叫做解调。AM 信号的解调是把接收到的已调信号 $S_{AM}(t)$ 还原为调制信号 $m(t)$。AM 信号的解调方法有两种：相干解调和包络检波解调。

（1）相干解调。由 AM 信号的频谱可知，如果将已调信号的频谱搬回到原点位置，即可得到原始的调制信号频谱，从而恢复出原始信号。相干解调由乘法器、低通滤波器（LPF）和带通滤波器（BPF）组成。BPF 的作用是抑制带外噪声；乘法器的作用是和本地载波相乘；LPF 的作用是滤除设定的截止频率以外的成分通过。解调中的频谱搬移同样可用调制时的相乘运算来实现。相干解调的原理框图如图 3-5 所示。

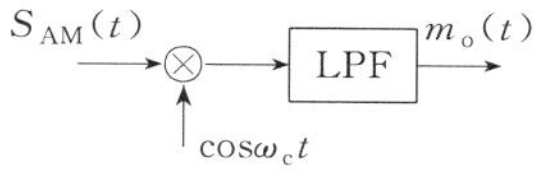

图 3-5 相干解调原理框图

将已调信号乘上一个与调制器同频同相的载波，得

$$S_{AM}(t) \cdot \cos\omega_c t = [A_o + m(t)]\cos^2\omega_c t = \frac{1}{2}[A_o + m(t)] + \frac{1}{2}[A_o + m(t)]\cos2\omega_c t$$

由上式可知，只要用一个低通滤波器，就可以将第 1 项与第 2 项分离，无失真地恢复出原始的调制信号

$$m_o(t) = \frac{1}{2}[A_o + m(t)] \tag{3.1-8}$$

相干解调的关键是必须产生一个与调制器同频同相位的载波。如果同频同相位的条件得不到满足，则会破坏原始信号的恢复。

（2）非相干解调（包络检波法）

由 $S_{AM}(t)$ 的波形可见，AM 信号波形的包络与输入基带信号 $m(t)$ 成正比，故可以用包络检波的方法恢复原始调制信号。可以用非线性器件和滤波器分离提取出调制信号的包络，获得所需要的原调制信号的信息。

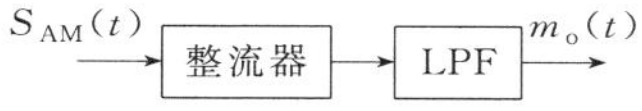

图 3-6 包络检波器一般模型 包络检波器一般由半波或全波整流和低通滤波器组成，如图 3-6 所示。

图 3-7 为串联型包络检波器的具体电路及其输出波形，电路由二极管 VD、电阻 R 和电容 C 组成。当 RC 满足条件

$$\frac{1}{\omega_c} \leqslant RC \leqslant \frac{1}{\omega_H}$$

时，包络检波器的输出与输入信号的包络十分相近，即

$$m_o(t) \approx A_o + m(t) \tag{3.1-9}$$

包络检波器输出的信号中，通常含有频率为 ω_c 的波纹，可由 LPF 滤除。

包络检波法属于非相干解调法，其特点是：解调效率高，解调器输出近似为相干解调的 2 倍；解调电路简单，特别是接收端不需要与发送端同频同相位的载波信号，大大降低实现难度。故几乎所有的调幅（AM）式接收机都采用这种电路。

综上所述，采用常规双边带幅度调制传输信息的好处是解调电路简单，可采用包络检波法。缺点是调制效率低，载波分量不携带信息，但却占据了大部分功率，白白浪费掉。如果抑制载波分量的传送，则可演变出另一种调制方式，即抑制载波的双边带调幅（DSB）。

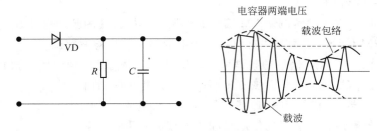

图 3-7　串联型包络检波器电路及其输出波形

3.1.3　抑制载波双边带调幅（DSB）

1）DSB 信号的表达式、频谱及带宽

在 AM 信号中，载波分量并不携带信息，信息完全由边带传送，因此 AM 调制最大的缺点就是效率低，主要是在直流分量和载波信号上消耗了，可以去掉不带信息的载波，来提高效率。通过完全取消常规双边带调制中的直流分量，来去掉载波的无用功率，使调制效率 η 提高到 100%。

在幅度调制的一般模型中，若假设滤波器为全通网络［$H(\omega)=1$］，调制信号 $m(t)$ 中无直流分量，则输出的已调信号就是无载波分量的双边带调制信号，或称抑制载波双边带（DSB）调制信号，简称双边带（DSB）信号。DSB 调制器模型如图 3-8 所示。

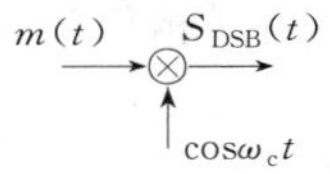

图 3-8　DSB 调制器模型

可见 DSB 信号实质上就是基带信号与载波直接相乘，其时域和频域表示式分别为

$$S_{\text{DSB}}(t)=m(t)\cos\omega_{c}(t) \tag{3.1-10}$$

$$S_{\text{DSB}}(\omega)=\frac{1}{2}\left[M(\omega+\omega_{c})+M(\omega-\omega_{c})\right] \tag{3.1-11}$$

其波形和频谱如图 3-9、图 3-10 所示。

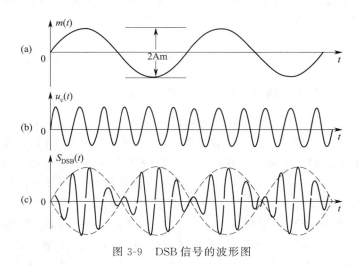

图 3-9　DSB 信号的波形图

由时间波形可知，DSB 信号的包络不再与调制信号的变化规律一致，因而不能采用简

单的包络检波来恢复调制信号，需采用相干解调（同步检波）。另外，在调制信号的过零点处，高频载波相位有 180°突变。

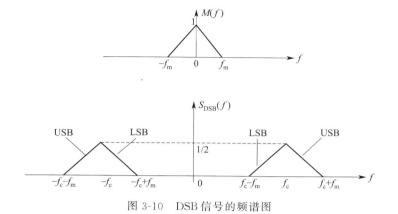

图 3-10　DSB 信号的频谱图

由频谱图可知，除不再含有载频分量离散谱外，DSB 信号的频谱与 AM 信号的完全相同，仍由上下对称的两个边带组成。故 DSB 信号是不带载波的双边带信号，它的带宽与 AM 信号相同，也为基带信号带宽的两倍，即

$$B_{DSB} = B_{AM} = 2B_m = 2f_H \tag{3.1-12}$$

式中，$B_m = f_H$，为调制信号带宽；f_H 为调制信号的最高频率。

2）DSB 信号的功率分配及调制效率

由于不再包含载波成分，因此，DSB 信号的功率就等于边带功率，是调制信号功率的一半，即

$$P_{DSB} = \overline{S_{DSB}^2(t)} = P_s = \frac{\overline{m^2(t)}}{2} = \frac{P_m}{2} \tag{3.1-13}$$

式中，P_s 为边带功率；$P_m = \overline{m^2(t)}$，为调制信号功率。显然，DSB 信号的调制效率为 100%。

3）DSB 信号的解调

和 AM 相比，DSB 虽然大大提高了效率，但是解调却不能用更简便的包络检波法。AM 和 DSB 的上下两个边带都是完全对称的，并且携带的信息也完全一样，从频带的角度上说，浪费了一半的资源。DSB 信号只能采用相干解调，其模型与 AM 信号相干解调时完全相同，如图 3-5 所示。

此时，乘法器输出

$$S_{DSB}(t) \cdot \cos\omega_c t = m(t)\cos^2\omega_c t = \frac{1}{2}m(t) + \frac{1}{2}m(t)\cos2\omega_c t$$

经低通滤波器滤除高次项，得

$$m_o(t) = \frac{1}{2}m(t) \tag{3.1-14}$$

即无失真地恢复出原始电信号。

抑制载波的双边带幅度调制的好处是，节省了载波发射功率，调制效率高；调制电路简单，仅用一个乘法器就可实现。缺点是占用频带宽度比较宽，为基带信号的 2 倍。

3.1.4 单边带调制（SSB）

由于 DSB 信号的上、下两个边带是完全对称的，皆携带了调制信号的全部信息，因此，从信息传输的角度来考虑，仅传输其中一个边带就够了。这就又演变出另一种新的调制方式——单边带调制（SSB）。

1）SSB 信号的产生

产生 SSB 信号的方法很多，其中最基本的方法有滤波法和相移法。

（1）用滤波法形成 SSB 信号。产生单边带信号最直观的方法是让双边带信号通过一个边带滤波器，保留所需要的一个边带，滤除不要的边带。用滤波法实现单边带调制的原理图如图 3-11 所示，图中的 $H_{SSB}(\omega)$ 为单边带滤波器，可以将 $H_{SSB}(\omega)$ 设计成具有理想高通特性 $H_H(\omega)$ 或理想低通特性 $H_L(\omega)$ 的单边带滤波器，从而只让上边带或者下边带通过，而滤除另一个边带。产生上边带信号时 $H_{SSB}(\omega)$ 即为 $H_H(\omega)$，产生下边带信号时 $H_{SSB}(\omega)$ 即为 $H_L(\omega)$。

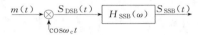

图 3-11 SSB 信号的滤波法产生

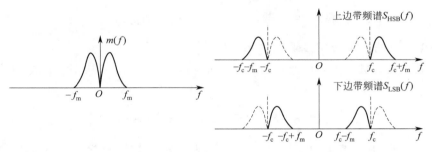

图 3-12 单边带调制的频谱结构图

图 3-12 为单边带调制的频谱结构图，由图可见，SSB 信号的频谱可表示为

$$S_{SSB}(\omega) = S_{DSB}(\omega) H_{SSB}(\omega) = \frac{1}{2} [M(\omega + \omega_c) + M(\omega - \omega_c)] H_{SSB}(\omega) \quad (3.1\text{-}15)$$

用滤波法形成 SSB 信号，原理框图简洁、直观，但存在的一个重要问题是单边带滤波器不易制作。这是因为，理想特性的滤波器是不可能做到的，实际滤波器从通带到阻带总有一个过渡带。滤波器的实现难度与过渡带相对于载频的归一化值有关，过渡带的归一化值愈小，分割上、下边带就愈难实现。而一般调制信号都具有丰富的低频成分，经过调制后得到的 DSB 信号的上、下边带之间的间隔很窄，要想通过一个边带而滤除另一个，要求单边带滤波器在 f_c 附近具有陡峭的截止特性——即很小的过渡带，这就使得滤波器的设计与制作很困难，有时甚至难以实现。为此，实际中往往采用多级调制的办法，目的在于降低每一级的过渡带归一化值，减小实现难度。限于篇幅，本书不作详细介绍。

（2）用相移法形成 SSB 信号。SSB 信号的时域表示式的推导比较困难，一般需借助希尔伯特变换来表述。但可以从简单的单频调制出发，得到 SSB 信号的时域表示式，然后再推广到一般表示式。由此可证明，SSB 信号的时域表示式为

$$S_{SSB}(t) = \frac{1}{2}m(t)\cos\omega_c t \mp \frac{1}{2}\hat{m}(t)\sin\omega_c t \qquad (3.1\text{-}16)$$

式中，"一"对应上边带信号，"+"对应下边带信号；$\hat{m}(t)$ 表示把 $m(t)$ 的所有频率成分均相移 $-\frac{\pi}{2}$，称 $\hat{m}(t)$ 是 $m(t)$ 的希尔伯特变换。

根据上式可得到用相移法形成 SSB 信号的一般模型，如图 3-13 所示。图中，$H_h(\omega)$ 为希尔伯特滤波器，它实质上是一个宽带相移网络，对 $m(t)$ 中的任意频率分量均相移 $-\frac{\pi}{2}$。

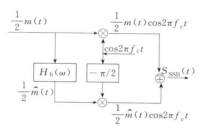

图 3-13 相移法形成 SSB 信号的一般模型

相移法形成 SSB 信号的困难在于宽带相移网络的制作，该网络要对调制信号的所有频率分量严格相移 $-\frac{\pi}{2}$，这一点即使近似达到也是困难的。为解决这个难题，可以采用混合法（也叫维弗法）。限于篇幅，这里不作介绍。

2）SSB 信号的带宽、功率和调制效率

从 SSB 信号调制原理图中可以清楚地看出，SSB 信号的频谱是 DSB 信号频谱的一个边带，其带宽为 DSB 信号的一半，与基带信号带宽相同，即

$$B_{SSB} = \frac{1}{2}B_{DSB} = B_m = f_H \qquad (3.1\text{-}17)$$

式中，$B_m = f_H$ 为调制信号带宽；f_H 为调制信号的最高频率。

由于仅包含一个边带，因此 SSB 信号的功率为 DSB 信号的一半，即

$$P_{SSB} = \frac{P_{DSB}}{2} = \frac{\overline{m^2(t)}}{4} \qquad (3.1\text{-}18)$$

显然，因 SSB 信号不含有载波成分，单边带幅度调制的效率也为 100%。

3）SSB 信号的解调

从 SSB 信号调制原理图中不难看出，SSB 信号的包络不再与调制信号 $m(t)$ 成正比，因此 SSB 信号的解调与 DSB 一样也不能采用简单的包络检波，因为 SSB 信号也是抑制载波的已调信号，它的包络不能直接反映调制信号的变化，所以仍需采用相干解调，如图 3-14 所示。

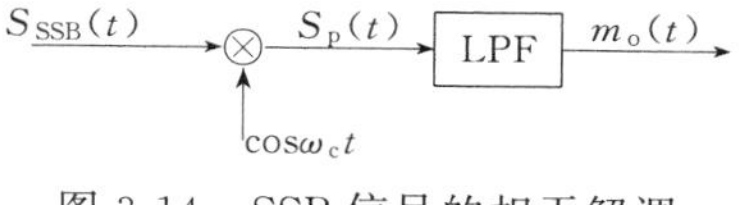

图 3-14 SSB 信号的相干解调

此时，乘法器输出

$$S_p(t) = S_{SSB}(t) \cdot \cos\omega_c t = \frac{1}{2}[m(t)\cos\omega_c t \mp \hat{m}(t)\sin\omega_c t]\cos\omega_c t$$

$$= \frac{1}{4}m(t) + \frac{1}{4}m(t)\cos 2\omega_c t \mp \frac{1}{4}\hat{m}(t)\sin 2\omega_c t$$

经低通滤波后的解调输出为

$$m_o(t) = \frac{1}{4}m(t) \qquad (3.1\text{-}19)$$

因而可得到无失真的调制信号。

综上所述，SSB 调制方式在传输信号时，不但可以节省载波发射功率，且信号占用的频带宽度只有 AM、DSB 的一半，频带利用率提高一倍，所以它目前是短波通信中的一种重要调制方式。缺点是单边带滤波器实现难度大。

3.1.5　残留边带调制（VSB）

1）残留边带信号的产生

残留边带调制是介于单边带调制与双边带调制之间的一种调制方式，它既克服了 DSB 信号占用频带宽的问题，又解决了单边带滤波器不易实现的难题。

在残留边带调制中，除了传送一个边带外，还保留了另外一个边带的一部分。对于具有低频及直流分量的调制信号，用滤波法实现单边带调制时所需要的过渡带无限陡的理想滤波器，在残留边带调制中已不再需要，这就避免了实现上的困难。

在这种调制方式中，不是完全抑制一个边带，而是逐渐切割，使其残留一小部分，DSB、SSB、VSB 的频谱对比图如图 3-15 所示。

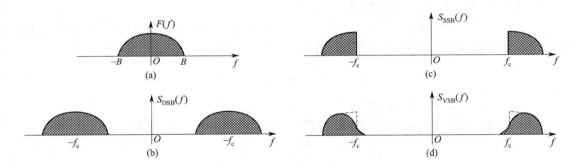

图 3-15　残留边带调制频谱图

用滤波法实现残留边带调制的原理图如图 3-16 所示。

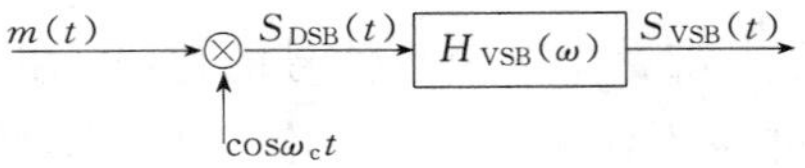

$$m(t) \to \otimes \xrightarrow{S_{DSB}(t)} \boxed{H_{VSB}(\omega)} \xrightarrow{S_{VSB}(t)}$$
$$\uparrow \cos\omega_c t$$

图 3-16　VSB 信号的滤波法产生

图中的 $H_{VSB}(\omega)$ 为残留边带滤波器，其特性应按残留边带调制的要求来进行设计。

为了保证相干解调时无失真地得到调制信号，残留边带滤波器的传输函数 $H_{VSB}(\omega)$ 必须满足

$$H_{VSB}(\omega + \omega_c) + H_{VSB}(\omega - \omega_c) = 常数，\qquad |\omega| \leqslant \omega_c \qquad (3.1\text{-}20)$$

它的几何含义是，残留边带滤波器的传输函数 $H_{VSB}(\omega)$ 在载频 ω_c 附近必须具有互补对称性。图 3-17 示出的是满足该条件的典型实例：残留部分上边带时滤波器的传递函数如图 3-17(a) 所示，残留部分下边带时滤波器的传递函数如图 3-17(b) 所示。

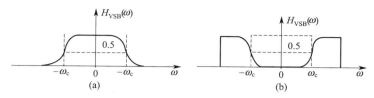

图 3-17 残留边带滤波器特性

该图中的滤波器，可以看作是对截止频率为 ω_c 的理想滤波器进行"平滑"的结果，习惯上，称这种"平滑"为"滚降"。显然，由于"滚降"，滤波器截止频率特性的"陡度"变缓，实现难度降低，但滤波器的带宽变宽。

由滤波法可知，VSB 信号的频谱为

$$S_{VSB}(\omega)=S_{DSB}(\omega) \cdot H_{VSB}(\omega)=\frac{1}{2}[M(\omega-\omega_c)+M(\omega+\omega_c)]H_{VSB}(\omega) \quad (3.1\text{-}21)$$

2）残留边带信号的解调

残留边带其结构图和单边带解调的相似，用的是带通滤波器，但必须保证滤波器的截止特性将使传输边带在载频 $\pm f_c$ 附近被抑制的部分由抑制边带的残留部分进行精确补偿，即其滤波器的传递函数必须具有互补对称特性，滤波器特性如图 3-18 所示，接收端才能不失真地恢复原始调制信号。

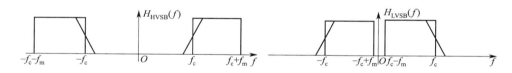

图 3-18 残留边带调制的滤波器特性

残留边带信号显然也不能简单地采用包络检波，而必须采用图 3-19 所示的相干解调。

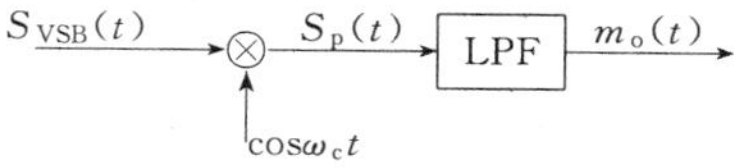

$$S_{VSB}(t) \to \otimes \to S_p(t) \to \boxed{LPF} \to m_o(t)$$
$$\uparrow \cos\omega_c t$$

图 3-19 VSB 信号的相干解调

由图 3-19，得乘法器输出

$$S_p(t)=S_{VSB}(t)\cos\omega_c t$$

相应的频域表达式为

$$S_p(\omega)=\frac{1}{2}[S_{VSB}(\omega-\omega_c)+S_{VSB}(\omega+\omega_c)]$$

将式(3.1-20)代入上式，得

$$S_p(\omega)=\frac{1}{4}H_{VSB}(\omega-\omega_c)[M(\omega-2\omega_c)+M(\omega)]+$$

$$\frac{1}{4}H_{VSB}(\omega+\omega_c)[M(\omega)+M(\omega+2\omega_c)]$$

$$=\frac{1}{4}M(\omega)[H_{VSB}(\omega-\omega_c)+H_{VSB}(\omega+\omega_c)]+$$

$$\frac{1}{4}M(\omega-2\omega_c)[H_{VSB}(\omega-\omega_c)+M(\omega+2\omega_c)H_{VSB}(\omega+\omega_c)]$$

经 LPF 滤除上式第二项，得解调器输出

$$M_o(\omega)=\frac{1}{4}M(\omega)[H_{VSB}(\omega-\omega_c)+H_{VSB}(\omega+\omega_c)]$$

由上式可知，为了保证相干解调的输出无失真地重现调制信号 $m(t)$，必须要求在 $|\omega|\leqslant\omega_H$ 内

$$H_{VSB}(\omega+\omega_c)+H_{VSB}(\omega-\omega_c)=k(常数) \tag{3.1-22}$$

而这正是残留边带滤波器传输函数要求满足的互补对称条件（式3.1-22）。若设 $k=1$，则

$$M_o(\omega)=\frac{1}{4}M(\omega)$$

$$m_o(t)=\frac{1}{4}m(t) \tag{3.1-23}$$

由于 VSB 基本性能接近 SSB，且 VSB 在低频信号的调制过程中，由于滤波器制作比单边带容易，且频带利用率也比较高，是含有大量低频成分信号的首选调制方式，所以 VSB 调制在广播电视、通信等系统中得到广泛应用。

3.2 线性调制系统的抗噪声性能分析

前面 3.1 节中的分析都是在没有噪声的条件下进行的。实际中，任何通信系统都避免不了噪声的影响，从第 2 章的有关信道和噪声的内容可知，通信系统是把信道加性噪声中的起伏噪声作为研究对象的，而起伏噪声又可视为高斯白噪声。因此，本节将要研究的问题是，信道存在加性高斯白噪声时，各种线性调制系统的抗噪声性能。

3.2.1 通信系统抗噪声性能分析的一般模型

由于加性噪声只对已调信号的接收产生影响，因而调制系统的抗噪声性能可用解调器的抗噪声性能来衡量。而抗噪声能力通常用"信噪比"来度量。所谓信噪比，这里是指信号与噪声的平均功率之比。分析解调器抗噪性能的模型如图 3-20 所示。

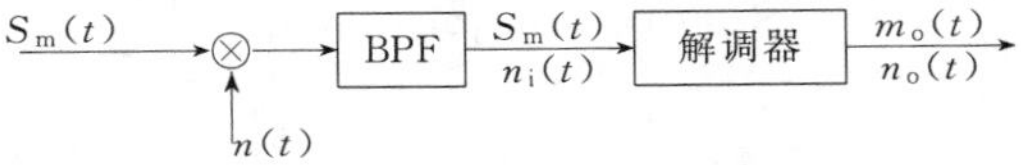

图 3-20　分析解调器抗噪声性能的模型

在图 3-20 中，$S_m(t)$ 为已调信号；$n(t)$ 为传输过程中叠加的高斯白噪声。带通滤波器的作用是滤除已调信号频带以外的噪声。因此，经过带通滤波器后，到达解调器输入端的信号仍为 $S_m(t)$，而噪声变为窄带高斯噪声 $n_i(t)$。解调器可以是相干解调器或包络检波器，其输出的有用信号为 $m_o(t)$，噪声为 $n_o(t)$。

上面，之所以称 $n_i(t)$ 为窄带高斯噪声，是因为它是由平稳高斯白噪声通过带通滤波器而得到的，而在通信系统中，带通滤波器的带宽一般远小于其中心频率 ω_o，为窄带滤波器，故根据第 2 章的讨论可知，$n_i(t)$ 为窄带高斯噪声。$n_i(t)$ 可表示为

$$n_i(t) = n_c(t)\cos\omega_o t - n_s(t)\sin\omega_o t \tag{3.2-1}$$

其中，窄带高斯噪声 $n_i(t)$ 的同相分量 $n_c(t)$ 和正交分量 $n_s(t)$ 都是高斯变量，它们的均值和方差（平均功率）都与 $n_i(t)$ 的相同，即

$$\overline{n_c(t)} = \overline{n_s(t)} = \overline{n_i(t)} = 0 \tag{3.2-2}$$

$$\overline{n_c^2(t)} = \overline{n_s^2(t)} = \overline{n_i^2(t)} = N_i \tag{3.2-3}$$

式中，N_i 为解调器的输入噪声 $n_i(t)$ 的平均功率。若高斯白噪声的双边功率谱密度为 $n_o/2$，带通滤波器的传输特性是高度为 1、单边带宽为 B 的理想矩形函数（见图 3-21），则有

$$N_i = n_o B \tag{3.2-4}$$

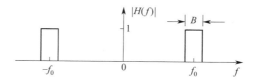

图 3-21　带通滤波器传输特性

为了使已调信号无失真地进入解调器，同时又最大限度地抑制噪声，带宽 B 应等于已调信号的频带宽度，当然也是窄带噪声 $n_i(t)$ 的带宽。

在模拟通信系统中，常用解调器输出信噪比来衡量通信质量的好坏。输出信噪比定义为

$$\frac{S_o}{N_o} = \frac{解调器输出有用信号的平均功率}{解调器输出噪声的平均功率} = \frac{\overline{m_o^2(t)}}{\overline{n_o^2(t)}} \tag{3.2-5}$$

只要解调器输出端有用信号能与噪声分开，则输出信噪比就能确定。输出信噪比与调制方式有关，也与解调方式有关。因此在已调信号平均功率相同，而且信道噪声功率谱密度也相同的条件下，输出信噪比反映了系统的抗噪声性能。

为了便于衡量同类调制系统不同调制器对输入信噪比的影响，还可以用输出信噪比和输入信噪比的比值 G 来表示。其定义为

$$G = \frac{S_o/N_o}{S_i/N_i} \tag{3.2-6}$$

式中，G 称为调制制度增益，也称为信噪比增益。S_i/N_i 为输入信噪比，定义为

$$\frac{S_i}{N_i} = \frac{解调器输入已调信号的平均功率}{解调器输入噪声的平均功率} = \frac{\overline{S_m^2(t)}}{\overline{n_i^2(t)}} \tag{3.2-7}$$

显然，信噪比增益 G 越高，则表明解调器的抗噪声性能越好。

下面在给出已调信号 $S_m(t)$ 和单边噪声功率谱密度 n_o 的情况下，推导出各种解调器的输入和输出信噪比，并在此基础上对各种调制系统的抗噪声性能做出评价。

3.2.2　相干解调与包络检波的抗噪声性能分析

1）线性调制相干解调的抗噪声性能

线性调制相干解调时接收系统的一般模型如图 3-22 所示。此时，图 3-22 中的解调器为同步解调器，由相乘器和 LPF 构成。相干解调属于线性解调，故在解调过程中，输入信号

及噪声可分开单独解调。

相干解调适用于所有线性调制（DSB、SSB、VSB、AM）信号的解调。

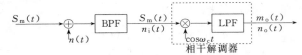

图 3-22　线性调制相干解调的抗噪性能分析模型

（1）DSB 调制系统的性能

① 求 S_o——输入信号的解调。对于 DSB 系统，解调器输入信号为 $S_m(t)=m(t)\cos\omega_c t$，与相干载波 $\cos\omega_c t$ 相乘后，得

$$m(t)\cos^2\omega_c t = \frac{1}{2}m(t)+\frac{1}{2}m(t)\cos2\omega_c t$$

经低通滤波器后，输出信号为

$$m_o(t)=\frac{1}{2}m(t) \tag{3.2-8}$$

因此，解调器输出端的有用信号功率 S_o 为

$$S_o=\overline{m_o^2(t)}=\frac{1}{4}\overline{m^2(t)} \tag{3.2-9}$$

② 求 N_o——输入噪声的解调。解调 DSB 信号的同时，窄带高斯噪声 $n_i(t)$ 也受到解调。此时，接收机中的带通滤波器的中心频率 ω_o 与调制载波 ω_c 相同。因此，解调器输入端的噪声 $n_i(t)$ 可表示为

$$n_i(t)=n_c(t)\cos\omega_c t - n_s(t)\sin\omega_c t$$

它与相干载波 $\cos\omega_c t$ 相乘后，得

$$n_i(t)\cos\omega_c t=[n_c(t)\cos\omega_c t - n_s(t)\sin\omega_c t]\cos\omega_c t$$
$$=\frac{1}{2}n_c(t)+\frac{1}{2}[n_c(t)\cos2\omega_c t - n_s(t)\sin2\omega_c t]$$

经低通滤波器后，解调器最终的输出噪声为

$$n_o(t)=\frac{1}{2}n_c(t) \tag{3.2-10}$$

故输出噪声功率为

$$N_o=\overline{n_o^2(t)}=\frac{1}{4}\overline{n_c^2(t)} \tag{3.2-11}$$

根据式（3.2-3）和式（3.2-4），则有

$$N_o=\frac{1}{4}\overline{n_i^2(t)}=\frac{1}{4}N_i=\frac{1}{4}n_oB \tag{3.2-12}$$

这里，$B=2f_H$，为双边带信号的带宽。

③ 求 S_i。解调器输入信号平均功率为

$$S_i=\overline{S_m^2(t)}=\overline{[m(t)\cos\omega_c t]^2}=\frac{1}{2}\overline{m^2(t)} \tag{3.2-13}$$

综上所述，由式（3.2-13）及式（3.2-4），可得解调器的输入信噪比为

$$\frac{S_i}{N_i}=\frac{\frac{1}{2}\overline{m^2(t)}}{n_oB} \tag{3.2-14}$$

又根据式(3.2-9)及式(3.2-12)，可得解调器的输出信噪比为

$$\frac{S_o}{N_o}=\frac{\frac{1}{4}\overline{m^2(t)}}{\frac{1}{4}N_i}=\frac{\overline{m^2(t)}}{n_oB} \tag{3.2-15}$$

因而调制制度增益为

$$G_{DSB}=\frac{S_o/N_o}{S_i/N_i}=2 \tag{3.2-16}$$

由此可见，DSB 调制系统的制度增益为 2。这说明，DSB 信号的解调器使信噪比改善了一倍。这是因为采用同步解调，把噪声中的正交分量 $n_s(t)$ 抑制掉了，从而使噪声功率减半。

（2）SSB 调制系统的性能　单边带信号的解调方法与双边带信号相同，其区别仅在于解调器之前的带通滤波器的带宽和中心频率不同。前者的带通滤波器的带宽是后者的一半。

① 求 S_o——输入信号的解调。对于 SSB 系统，解调器输入信号

$$S_m(t)=\frac{1}{2}m(t)\cos\omega_c t\mp\frac{1}{2}\hat{m}(t)\sin\omega_c t$$

与相干载波 $\cos\omega_c t$ 相乘，并经低通滤波器滤除高频成分后，得解调器输出信号为

$$m_o(t)=\frac{1}{4}m(t) \tag{3.2-17}$$

因此，解调器输出信号功率为

$$S_o=\overline{m_o^2(t)}=\frac{1}{16}\overline{m^2(t)} \tag{3.2-18}$$

② 求 N_o——输入噪声的解调。由于 SSB 信号的解调器与 DSB 信号的相同，故计算 SSB 信号输入及输出信噪比的方法也相同。由式(3.2-12)，得

$$N_o=\frac{1}{4}\overline{n_i^2(t)}=\frac{1}{4}N_i=\frac{1}{4}n_oB \tag{3.2-19}$$

只是这里，$B=f_H$ 为 SSB 信号带宽。

③ 求 S_i。解调器输入信号平均功率为

$$S_i=\overline{S_m^2(t)}=\overline{\left[\frac{1}{2}m(t)\cos\omega_c t\mp\frac{1}{2}\hat{m}(t)\sin\omega_c t\right]^2}=\frac{1}{8}[\overline{m^2(t)}+\overline{\hat{m}^2(t)}]$$

因为 $\hat{m}(t)$ 与 $m(t)$ 的所有频率分量仅相位不同，而幅度相同，所以两者具有相同的平均功率。由此，上式变成

$$S_i=\frac{1}{4}\overline{m^2(t)} \tag{3.2-20}$$

于是，由式(3.2-20)及式(3.2-4)，可得解调器的输入信噪比为

$$\frac{S_i}{N_i}=\frac{\frac{1}{4}\overline{m^2(t)}}{n_oB}=\frac{\overline{m^2(t)}}{4n_oB} \tag{3.2-21}$$

由式(3.2-18)及式(3.2-19)，可得解调器的输出信噪比为

$$\frac{S_o}{N_o}=\frac{\frac{1}{16}\overline{m^2(t)}}{\frac{1}{4}n_oB}=\frac{\overline{m^2(t)}}{4n_oB} \tag{3.2-22}$$

因而调制制度增益为

$$G_{SSB} = \frac{S_o / N_o}{S_i / N_i} = 1 \qquad (3.2\text{-}23)$$

由此可见，SSB 调制系统的制度增益为 1。这说明，SSB 信号的解调器对信噪比没有改善。这是因为在 SSB 系统中，信号和噪声具有相同的表示形式，所以相干解调过程中，信号和噪声的正交分量均被抑制掉，故信噪比不会得到改善。

比较式(3.2-16)和式(3.2-23)可见，DSB 解调器的调制制度增益是 SSB 的二倍。但不能因此就说，双边带系统的抗噪性能优于单边带系统。因为 DSB 信号所需带宽为 SSB 的二倍，因而在输入噪声功率谱密度相同的情况下，DSB 解调器的输入噪声功率将是 SSB 的二倍。不难看出，如果解调器的输入噪声功率谱密度 n_o 相同，输入信号的功率 S_i 也相等，有

$$\left(\frac{S_o}{N_o} \right)_{DSB} = G_{DSB} \left(\frac{S_i}{N_i} \right)_{DSB} = 2 \cdot \frac{S_i}{N_{iDSB}} = 2 \cdot \frac{S_i}{n_o B_{DSB}} = \frac{S_i}{n_o f_H}$$

$$\left(\frac{S_o}{N_o} \right)_{SSB} = G_{SSB} \left(\frac{S_i}{N_i} \right)_{SSB} = 1 \cdot \frac{S_i}{N_{iSSB}} = \frac{S_i}{n_o B_{SSB}} = \frac{S_i}{n_o f_H}$$

即在相同的噪声背景和相同的输入信号功率条件下，DSB 和 SSB 在解调器输出端的信噪比是相等的。这就是说，从抗噪声的观点，SSB 制式和 DSB 制式是相同的。但 SSB 制式所占有的频带仅为 DSB 的一半。

（3）VSB 调制系统的性能　VSB 调制系统抗噪性能的分析方法与上面类似。但是，由于所采用的残留边带滤波器的频率特性形状可能不同，所以难以确定抗噪性能的一般计算公式。不过，在残留边带滤波器滚降范围不大的情况下，可将 VSB 信号近似看成 SSB 信号，即

$$S_{VSB}(t) \approx S_{SSB}(t)$$

在这种情况下，VSB 调制系统的抗噪性能与 SSB 系统相同。

2）常规调幅包络检波的抗噪声性能

AM 信号可采用相干解调或包络检波。相干解调时 AM 系统的性能分析方法与前面介绍的双边带的相同。实际中，AM 信号常用简单的包络检波法解调，接收系统模型如图 3-23 所示。此时，解调器为包络检波，其检波输出正比于输入信号的包络变化。包络检波属于非线性解调，信号与噪声无法分开处理。

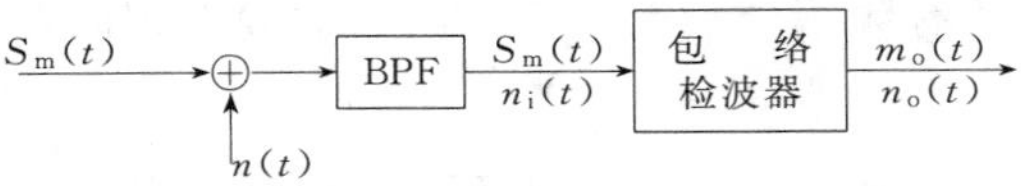

图 3-23　AM 包络检波的抗噪性能分析模型

对于 AM 系统，解调器输入信号为

$$S_m(t) = [A_o + m(t)] \cos\omega_c t$$

式中，A_o 为外加的直流分量；$m(t)$ 为调制信号。这里仍假设 $m(t)$ 的均值为 0，且 $A_o \geqslant |m(t)|_{max}$。解调器的输入噪声为

$$n_i(t) = n_c(t)\cos\omega_c t - n_s(t)\sin\omega_c t$$

显然，解调器输入的信号功率 S_i 和噪声功率 N_i 分别为

$$S_i = \overline{s_m^2(t)} = \frac{A_o^2}{2} + \frac{1}{2}\overline{m^2(t)} \qquad (3.2\text{-}24)$$

$$N_i = \overline{n_i^2(t)} = n_o B \tag{3.2-25}$$

这里，$B = 2f_H$ 为 AM 信号带宽。

根据以上两式，得解调器输入信噪比

$$\frac{S_i}{N_i} = \frac{A_o^2 + \overline{m^2(t)}}{2n_o B} \tag{3.2-26}$$

解调器输入是信号加噪声的合成波形，即

$$S_m(t) + n_i(t) = [A_o + m(t) + n_c(t)]\cos\omega_c t - n_s(t)\sin\omega_c t$$
$$= A(t)\cos[\omega_c t + \psi(t)]$$

其中合成包络为：

$$A(t) = \sqrt{[A_o + m(t) + n_c(t)]^2 + n_s^2(t)} \tag{3.2-27}$$

合成相位为：

$$\psi(\omega) = \arctan\frac{n_s(t)}{A_o + m(t) + n_c(t)} \tag{3.2-28}$$

理想包络检波器的输出就是 $A(t)$。由上面可知，检波器输出中有用信号与噪声无法完全分开。因此，计算输出信噪比是件困难的事。为简化起见，下面考虑两种特殊情况。

（1）大信噪比情况。此时输入信号幅度远大于噪声幅度，即

$$[A_o + m(t)] \gg \sqrt{n_c^2(t) + n_s^2(t)}$$

因而式(3.2-27)可简化为

$$\begin{aligned} A(t) &= \sqrt{[A_o + m(t)]^2 + 2[A_o + m(t)]n_c(t) + n_c^2(t) + n_s^2(t)} \\ &\approx \sqrt{[A_o + m(t)]^2 + 2[A_o + m(t)]n_c(t)} \\ &= [A_o + m(t)]\sqrt{1 + \frac{2n_c(t)}{A_o + m(t)}} \\ &\approx [A_o + m(t)]\left[1 + \frac{n_c(t)}{A_o + m(t)}\right] \\ &= A_o + m(t) + n_c(t) \end{aligned} \tag{3.2-29}$$

这里利用了数学近似公式 $(1+x)^{1/2} \approx 1 + x/2 (|x| \ll 1$ 时$)$。在式(3.2-29)中，有用信号与噪声独立清晰地分成两项，因而可分别计算出输出信号功率及噪声功率为

$$S_o = \overline{m^2(t)} \tag{3.2-30}$$

$$N_o = \overline{n_c^2(t)} = \overline{n_i^2(t)} = n_o B \tag{3.2-31}$$

输出信噪比为

$$\frac{S_o}{N_o} = \frac{\overline{m^2(t)}}{n_o B} \tag{3.2-32}$$

由式(3.2-26)、式(3.2-32)可得调制制度增益

$$G_{AM} = \frac{S_o/N_o}{S_i/N_i} = \frac{2\overline{m^2(t)}}{A_o^2 + \overline{m^2(t)}} \tag{3.2-33}$$

可以看出，AM 的调制制度增益随 A_o 的减小而增加。但对包络检波器来说，为了不发生过调制现象，必须有 $A_o \geqslant |m(t)|_{max}$，所以 G_{AM} 总是小于 1。例如，对于 100% 调制［即 $A_o = |m(t)|_{max}$］，且 $m(t)$ 又是单音频正弦信号时，有 $\overline{m^2(t)} = A_o^2/2$，把它代入上式，此时可得 $G_{AM} = 2/3$。

这是 AM 系统的最大信噪比增益，即包络检波器能够得到的最大信噪比改善值。这说明解调器对输入信噪比没有改善，而是恶化了。

可以证明，若采用相干解调时常规调幅的调制制度增益与上式相同。这说明，对于 AM 调制系统，在大信噪比时，采用包络检波时的性能与相干解调时的性能几乎一样。但后者的调制制度增益不受信号与噪声相对幅度假设条件的限制。

（2）小信噪比情况。小信噪比指的是噪声幅度远大于输入信号幅度，即

$$\sqrt{n_c^2(t) + n_s^2(t)} \gg [A_o + m(t)]$$

这时，式（3.2-27）可做如下简化

$$
\begin{aligned}
A(t) &= \sqrt{[A_o + m(t)]^2 + 2[A_o + m(t)]n_c(t) + n_c^2(t) + n_s^2(t)} \\
&\approx \sqrt{2[A_o + m(t)]n_c(t) + n_c^2(t) + n_s^2(t)} \\
&= \sqrt{[n_c^2(t) + n_s^2(t)]\{1 + \frac{2[A_o + m(t)]n_c(t)}{n_c^2(t) + n_s^2(t)}\}} \\
&= V(t)\sqrt{1 + \frac{2[A_o + m(t)]}{V(t)}\cos\theta(t)}
\end{aligned}
\tag{3.2-34}
$$

其中

$$V(t) = \sqrt{n_c^2(t) + n_s^2(t)}$$

$$\theta(t) = \arctan\left[\frac{n_s(t)}{n_c(t)}\right]$$

式中的 $V(t)$ 及 $\theta(t)$，分别表示噪声 $n_i(t)$ 的包络及相位；$\cos\theta(t) = n_c(t)/V(t)$。因为 $V(t) \gg A_o + m(t)$，再次利用数学近似式 $(1+x)^{1/2} \approx 1 + x/2(|x| \ll 1$ 时$)$，式（3.2-34）可进一步表示为

$$A(t) \approx V(t) + [A_o + m(t)]\cos\theta(t) \tag{3.2-35}$$

由上式可知，小信噪比时调制信号 $m(t)$ 无法与噪声分开，包络 $A(t)$ 中不存在单独的信号项 $m(t)$，只有受到 $\cos\theta(t)$ 调制的 $m(t)\cos\theta(t)$ 项。由于 $\cos\theta(t)$ 是一个随机噪声，因而，有用信号 $m(t)$ 被噪声所扰乱，致使 $m(t)\cos\theta(t)$ 也只能看作是噪声。这种情况下，输出信噪比不是按比例地随着输入信噪比下降，而是急剧恶化。通常把这种现象称为门限效应。开始出现门限效应的输入信噪比称为门限值。

有必要指出，用同步检测的方法解调各种线性调制信号时，由于解调过程可视为信号与噪声分别解调，故解调器输出端总是单独存在有用信号的。因而，同步解调器不存在门限效应。

由以上分析可得如下结论：在大信噪比情况下，AM 信号包络检波器的性能几乎与同步检测器相同；但随着信噪比的减小，包络检波器将在一个特定输入信噪比值上出现门限效应。一旦出现了门限效应，解调器的输出信噪比将急剧变坏。

3.3　角度调制（非线性调制）的原理与抗噪声性能分析

3.3.1　角度调制的基本概念

幅度调制属于线性调制，它是通过改变载波的幅度以实现调制信号频谱的平移及线性变换的。一个正弦载波有幅度、频率和相位三个参量，因此，不仅可以把调制信号的信息寄托在载波的幅度变化中，还可以寄托在载波的频率或相位变化中。这种使高频载波的频率或相位按调制信号的规律变化而振幅保持恒定的调制方式，称为频率调制（FM）和相位调制（PM），分别简称为调频和调相。因为频率或相位的变化都可以看成是载波角度的变化，故调频和调相又统称为角度调制。

角度调制与线性调制不同，已调信号频谱不再是原调制信号频谱的线性搬移，而是频谱的非线性变换，会产生与频谱搬移不同的新的频率成分，故又称为非线性调制。

角度调制可分为频率调制（FM）和相位调制（PM），即载波的幅度保持不变，而载波的频率或相位随基带信号变化的调制方式。

角度调制信号的一般表达式为

$$S_m(t) = A\cos[\omega_c t + \varphi(t)] \tag{3.3-1}$$

式中，A 为载波的恒定振幅；$[\omega_c t + \varphi(t)]$ 是信号的瞬时相位，$\varphi(t)$ 称为相对于载波相位 $\omega_c t$ 的瞬时相位偏移。

调相信号可表示为

$$S_{PM}(t) = A\cos[\omega_c t + K_p m(t)] \tag{3.3-2}$$

调频信号可表示为

$$S_{FM}(t) = A\cos\left[\omega_c t + K_F \int_{-\infty}^{t} m(\tau)d\tau\right] \tag{3.3-3}$$

FM 和 PM 非常相似，如果预先不知道调制信号的具体形式，则无法判断已调信号是调频信号还是调相信号。

图 3-24(a)所示的产生调相信号的方法称为直接调相法，图 3-25(a)所示的产生调频信号的方法称为直接调频法。相对而言，如果将调制信号先微分，而后进行调频，则得到的是调相信号，这种方式叫间接调相，如图 3-24(b)所示；同样，如果将调制信号先积分，而后进行调相，则得到的是调频信号，这种方式叫间接调频，如图 3-25(b)所示。

图 3-24　直接调相和间接调相图　　　　图 3-25　直接调频和间接调频

由于实际相位调制器的调节范围不可能超出（$-\pi$，π），因而直接调相和间接调频的方法仅适用于相位偏移和频率偏移不大的窄带调制情形，而直接调频和间接调相则适用于宽带调制情形。

从以上分析可见，调频与调相并无本质区别，两者之间可以互换。鉴于在实际应用中多采用 FM 信号，下面集中讨论频率调制。

3.3.2 窄带调频与宽带调频

频率调制属于非线性调制，其频谱结构非常复杂，难于表述。但是，当最大相位偏移及相应的最大频率偏移较小时，即一般认为满足

$$\left| K_F \int_{-\infty}^{t} m(\tau)d\tau \right|_{\max} \ll \frac{\pi}{6} \text{（或 } 0.5\text{）} \tag{3.3-4}$$

这时，信号占据带宽窄，称为窄带调频（NBFM）。反之，称为宽带调频（WBFM）。宽带与窄带调制的区分并无严格的界限，但通常认为由调频所引起的最大瞬时相位偏移远小于 30°。

1）窄带调频（NBFM）

为方便起见，无妨假设正弦载波的振幅 $A=1$，则由式（3.3-3）调频信号的一般表达式，得

$$S_{FM}(t) = \cos\left[\omega_c t + K_F \int_{-\infty}^{t} m(\tau)d\tau\right]$$

$$= \cos\omega_c t \cos\left[K_F \int_{-\infty}^{t} m(\tau)d\tau\right] - \sin\omega_c t \sin\left[K_F \int_{-\infty}^{t} m(\tau)d\tau\right] \tag{3.3-5}$$

当式（3.3-4）满足，即窄带调频时，有近似式

$$\cos\left[K_F \int_{-\infty}^{t} m(\tau)d\tau\right] \approx 1, \sin\left[K_F \int_{-\infty}^{t} m(\tau)d\tau\right] \approx K_F \int_{-\infty}^{t} m(\tau)d\tau$$

于是，式（3.3-5）可简化为

$$S_{NBFM}(t) \approx \cos\omega_c t - \left[K_F \int_{-\infty}^{t} m(\tau)d\tau\right]\sin\omega_c t \tag{3.3-6}$$

利用傅氏变换公式

$$m(t) \Leftrightarrow M(\omega)$$
$$\cos\omega_c t \Leftrightarrow \pi[\delta(\omega+\omega_c) + \delta(\omega-\omega_c)]$$
$$\sin\omega_c t \Leftrightarrow j\pi[\delta(\omega+\omega_c) - \delta(\omega-\omega_c)]$$
$$\int m(t)dt \Leftrightarrow \frac{M(\omega)}{j\omega}$$

设 $m(t)$ 的均值为 0

$$\left[\int m(t)dt\right]\sin\omega_c t \Leftrightarrow \frac{1}{2}\left[\frac{M(\omega+\omega_c)}{\omega+\omega_c} - \frac{M(\omega-\omega_c)}{\omega-\omega_c}\right]$$

可得 NBFM 信号的频域表达式

$$S_{NBFM}(\omega) = \pi[\delta(\omega+\omega_c) + \delta(\omega-\omega_c)] - \frac{K_F}{2}\left[\frac{M(\omega+\omega_c)}{\omega+\omega_c} - \frac{M(\omega-\omega_c)}{\omega-\omega_c}\right] \tag{3.3-7}$$

将上式与 AM 信号的频谱

$$S_{AM}(\omega) = \pi A_0[\delta(\omega+\omega_c) + \delta(\omega-\omega_c)] + \frac{1}{2}[M(\omega+\omega_c) + M(\omega-\omega_c)]$$

进行比较，可以清楚地看出两种调制的相似性和不同之处。两者都含有一个载波和位于 $\pm\omega_c$ 处的两个边带，所以它们的带宽相同，即

$$B_{\text{NBFM}} = B_{\text{AM}} = 2B_m = 2f_H \tag{3.3-8}$$

式中，$B_m = f_H$，为调制信号 $m(t)$ 的带宽；f_H 为调制信号的最高频率。不同的是，NBFM 的正、负频率分量分别乘了因式 $1/(\omega - \omega_c)$ 和 $1/(\omega + \omega_c)$，且负频率分量与正频率分量反相。正是上述差别，造成了 NBFM 与 AM 的本质差别。

下面讨论单频调制的特殊情况。设调制信号为 $m(t) = A_m\cos\omega_m t$，则 NBFM 信号为

$$S_{\text{NBFM}}(t) \approx \cos\omega_c t - \Big[K_F \int_{-\infty}^{t} m(\tau)\mathrm{d}\tau\Big]\sin\omega_c t$$

$$= \cos\omega_c t - A_m K_F \frac{1}{\omega_m}\sin\omega_m t\sin\omega_c t$$

$$= \cos\omega_c t + \frac{A_m K_F}{2\omega_m}\big[\cos(\omega_c + \omega)t - \cos(\omega_c - \omega_m)t\big]$$

AM 信号为

$$S_{\text{AM}}(t) = (1 + A_m\cos\omega_m t)\cos\omega_c t = \cos\omega_c t + A_m\cos\omega_m t\cos\omega_c t$$

$$= \cos\omega_c t + \frac{A_m}{2}\big[\cos(\omega_c + \omega)t + \cos(\omega_c - \omega_m)t\big]$$

它们的频谱如图 3-26 所示。由此而画出的矢量图见图 3-27。在 AM 中，载波与上、下边频的合成矢量与载波同相，只发生幅度变化；而在 NBFM 中，由于下边频为负，因而合成矢量不与载波同相，是正交相加，而是存在相位偏移 $\Delta\varphi$，当最大相位偏移满足式（3.3-4）时，合成矢量的幅度基本不变，这样就形成了 FM 信号。

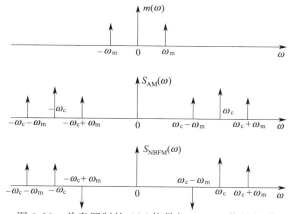

图 3-26　单音调制的 AM 信号与 NBFM 信号频谱

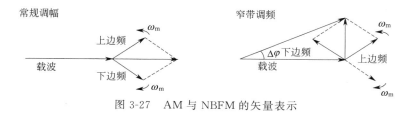

图 3-27　AM 与 NBFM 的矢量表示

由于 NBFM 信号最大相位偏移较小，占据的带宽较窄，使得调制制度的抗干扰性能强的优点不能充分发挥，因此目前仅用于抗干扰性能要求不高的短距离通信中。在长距离高质量的通信系统中，如微波或卫星通信、调频立体声广播、超短波电台等多采用宽带调频。

2）宽带调频（WBFM）

当式(3.3.4)不满足时，调频信号为宽带调频，此时不能采用近似式，因而宽带调频的分析变得很困难。为使问题简化，先研究单音调制的情况，然后把分析的结果推广到多音情况。

（1）单频调制时宽带调频信号的频域表达。设单频调制信号为 $m(t)=A_m\cos\omega_m t$，代入式(3.3-3)，可得单音调频信号的时域表达式

$$S_{FM}(t)=A\cos\left[\omega_c t+K_F\int_{-\infty}^t m(\tau)\mathrm{d}\tau\right]=A\cos\left[\omega_c t+K_F A_m\int_{-\infty}^t\cos\omega_m\tau\mathrm{d}\tau\right]$$

$$=A\cos\left[\omega_c t+\frac{K_F A_m}{\omega_m}\sin\omega_m t\right]=A\cos[\omega_c t+m_f\sin\omega_m t] \tag{3.3-9}$$

其中
$$\cos(m_f\sin\omega_m t)=J_n(m_f)+2\sum_{n=1}^{\infty}\cdot J_{2n}(f_m)\cos2n\omega_m t \tag{3.3-10}$$

$$\sin(m_f\sin\omega_m t)=2\sum_{n=1}^{\infty}J_{2n-1}(f_m)\sin(2n-1)\omega_m t \tag{3.3-11}$$

式中，$J_n(m_f)$ 为第一类 n 阶贝塞尔函数，它是调频指数 m_f 的函数。利用贝塞尔函数及式（3.3-10）、式（3.3-11），可得式（3.3-9）改写为

$$S_{FM}(t)=A\sum_{n=-\infty}^{\infty}J_n(m_f)\cos(\omega_c+n\omega_m)t \tag{3.3-12}$$

图 3-28 给出了 $J_n(m_f)$ 随 m_f 变化的关系曲线，详细数据可查阅数学手册"第一类贝塞尔函数表"。

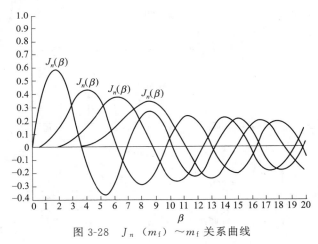

图 3-28　$J_n(m_f)\sim m_f$ 关系曲线

式(3.3-11)的傅氏变换即为频谱

$$S_{FM}(\omega)=\pi A\sum_{n=-\infty}^{\infty}J_n(m_f)[\delta(\omega-\omega_c-n\omega_m)+\delta(\omega+\omega_c+n\omega_m)] \tag{3.3-13}$$

由式(3.3-11)和式(3.3-12)可知，调频信号的频谱中含有无穷多个频率分量。其载波分量幅度正比于 $J_0(m_f)$，而围绕着 ω_c 的各次边频分量 $\omega_c\pm n\omega_m$ 的幅度则正比于 $J_n(m_f)$。

（2）单频调制时的频带宽度。由于调频信号的频谱包含无穷多个频率分量，因此理论上调频信号的带宽为无限宽。然而实际上各次边频幅度[正比于 $J_n(m_f)$]随着 n 的增大而减小，因此只要取适当的 n 值，使边频分量小到可以忽略的程度，调频信号可以近似认为具有有限频谱。一个广泛用来计算调频波频带宽度的公式为

$$B_{FM} = 2(m_f+1)f_m = 2(\Delta f + f_m) \tag{3.3-14}$$

这里，Δf 为最大频率偏移。上式通常称为卡森公式。在卡森公式中，边频分量取到 (m_f+1) 次，计算表明大于 (m_f+1) 次的边频分量，其幅度小于未调载波幅度的 10%。

若当 $m_f \ll 1$ 时，$B_{FM} \approx 2f_m$，这就是 NBFM 的带宽，与前面分析一致。

若当 $m_f \gg 1$ 时，$B_{FM} \approx 2\Delta f$，这是大指数 WBFM 情况，说明带宽由最大频偏决定。

（3）任意限带信号调制时宽带调频信号的带宽。以上的讨论是单音调频情况。对于多音或其他任意信号调制的调频波的频谱分析极其复杂。经验表明，对卡森公式做适当修改，即可得到任意限带信号调制时调频信号带宽的估算公式

$$B_{FM} = 2(D+1)f_m \tag{3.3-15}$$

这里，f_m 是调制信号 $m(t)$ 的最高频率；$D = \Delta f/f_m$ 为频偏比；$\Delta f = K_F|m(t)|_{max}$ 是最大频率偏移。实际应用中，当 $D>2$ 时，用式

$$B_{FM} = 2(D+2)f_m \tag{3.3-16}$$

计算调频带宽更符合实际情况。

3.3.3 调频信号的产生与解调

1）调频信号的产生

产生调频信号的方法通常有两种：直接法和间接法。

（1）直接法。直接法就是利用调制信号直接控制振荡器的频率，使其按调制信号的规律线性变化。振荡频率由外部电压控制的振荡器叫做压控振荡器（VCO），每个压控振荡器自身就是一个 FM 调制器，它产生的输出频率正比于所加的控制电压，即

$$\omega_o(t) = \omega_c + K_F m(t)$$

其中，ω_c 是外加控制电压为 0 时压控振荡器的自由振荡频率，也就是压控振荡器的中心频率。若用调制信号作控制电压，产生的就是 FM 波。

控制 VCO 振荡频率的常用方法是改变振荡器谐振回路的电抗元件 L 或 C。L 或 C 可控的元件有电抗管、变容管。变容管由于电路简单，性能良好，目前在调频器中广泛使用。

直接法的主要优点是在实现线性调频的要求下，可以获得较大的频偏。缺点是频率稳定度不高，往往需要附加稳频电路来稳定中心频率。

（2）间接法。如前所述，间接调频法是先对调制信号积分，再对载波进行相位调制，从而产生调频信号。但这样只能获得窄带调频信号。为了获得宽带调频信号，可利用倍频器再把 NBFM 信号变换成 WBFM 信号。

由式（3.3-6）可知，NBFM 信号可看成正交分量与同相分量的合成，即

$$S_{NBFM}(t) \approx \cos\omega_c t - \left[K_F \int_{-\infty}^{t} m(\tau)d\tau\right]\sin\omega_c t$$

因此，可采用图 3-29 所示的方框图来实现窄带频率调制。

倍频器的作用是提高调频指数 m_f，从而获得宽带调频。倍频器可以用非线性器件实现，然后用带通滤波器滤去不必要的分量。以理想平方律器件为例，其输入-输出特性为

$$S_o(t) = kS_i^2(t)$$

当输入信号 $S_i(t)$ 为调频信号时，有

$$S_i(t) = A\cos[\omega_c t + \varphi(t)]$$

$$S_o(t) = \frac{1}{2}kA^2\{1+\cos[2\omega_c t+2\varphi(t)]\}$$

由上式可知，滤除直流成分后可得到一个新的调频信号，其载频和相位偏移均增为 2 倍，由于相位偏移增为 2 倍，因而调频指数也必然增为 2 倍。同理，经 N 次倍频后可以使调频信号的载频和调制指数增为 N 倍。对于因此而导致中心频率（载频）过高的问题，可以采用线性调制，把频谱从很高的频率再搬移到所要求的载波频率上来。倍频法在带宽要求较宽的调频中经常使用。

2）调频信号的解调

（1）非相干解调。由于调频信号的瞬时频率正比于调制信号的幅度，因而调频信号的解调必须能产生正比于输入频率的输出电压，也就是当输入调频信号为

$$S_{FM}(t) = A\cos\left[\omega_c t + K_F\int_{-\infty}^{t} m(\tau)d\tau\right] \tag{3.3-17}$$

时，解调器的输出应当为

$$m_o(t) \propto K_F m(t) \tag{3.3-18}$$

最简单的解调器是具有频率-电压转换作用的鉴频器。图 3-29 给出了理想鉴频特性和鉴频器的方框图。

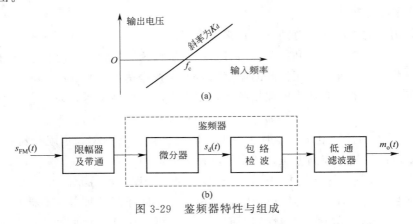

(a)

(b)

图 3-29 鉴频器特性与组成

理想鉴频器可看成是微分器与包络检波器的级联。微分器输出

$$S_d(t) = -A[\omega_c + K_F m(t)]\sin\left[\omega_c t + K_F\int_{-\infty}^{t} m(\tau)d\tau\right] \tag{3.3-19}$$

这是一个调幅调频信号，其幅度和频率皆包含调制信息。用包络检波器取出其包络，并滤去直流后输出

$$m_o(t) = K_d K_F m(t) \tag{3.3-20}$$

即恢复出原始调制信号。这里，K_d 称为鉴频器灵敏度。

上述解调过程是先用微分器将幅度恒定的调频波变成调幅调频波，再用包络检波器从幅度变化中检出调制信号，因此上述解调方法称为包络检测，又称为非相干解调。这种方法的缺点是包络检波器对于由信道噪声和其他原因引起的幅度起伏也有反应。因而，使用中常在微分器之前加一个限幅器和带通滤波器，以便将调频波在传输过程中引起的幅度变化部分削去，变成固定幅度的调频波，带通滤波器让调频信号顺利通过，而滤除带外噪声及高次谐波分量。

微分器实际上是一个 FM-AM 转换器，它可以用一个谐振回路来实现，但其鉴频特性的线性范围较小。实用电路常常采用图 3-30 所示的双谐振回路组成的平衡鉴频器。该电路鉴频线性好，线性范围宽，特别适合宽带鉴频，因而得到广泛使用。

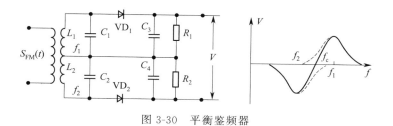

图 3-30　平衡鉴频器

（2）相干解调。由于窄带调频信号可分解成正交分量与同相分量之和，因而可以采用线性调制中的相干解调法来进行解调。其原理框图如图 3-31 所示。图中的带通滤波器用来限制信道所引入的噪声，但调频信号应能正常通过。

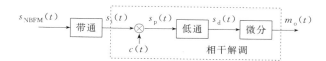

图 3-31　窄带调频信号的相干解调

设窄带调频信号为

$$S_{\text{NBFM}}(t) = A\cos\omega_c t - A\Big[K_F\int_{-\infty}^{t} m(\tau)\mathrm{d}\tau\Big]\sin\omega_c t \qquad (3.3\text{-}21)$$

相干载波

$$c(t) = -\sin\omega_c t \qquad (3.3\text{-}22)$$

则乘法器输出为

$$S_p(t) = -\frac{A}{2}\sin 2\omega_c t + \Big[\frac{A}{2}K_F\int_{-\infty}^{t} m(\tau)\mathrm{d}\tau\Big](1-\cos 2\omega_c t)$$

经低通滤波器滤除高频分量，得

$$S_d(t) = \frac{A}{2}K_F\int_{-\infty}^{t} m(\tau)\mathrm{d}\tau$$

再经微分，得输出信号

$$m_o(t) = \frac{A}{2}K_F m(t) \qquad (3.3\text{-}23)$$

可见，相干解调可以恢复原调制信号，这种解调方法与线性调制中的相干解调一样，要求本地载波与调制载波同步，否则将使解调信号失真。显然，上述相干解调法只适用于窄带调频。

3.3.4　调频系统的抗噪声性能

调频系统抗噪性能分析方法和分析模型与线性调制系统相似，仍可用图 3-20 所示的模型，但此时其中的解调器应是调频解调器。

从前面的讨论可知，调频信号的解调有相干解调与非相干解调两种。相干解调仅适用于窄带调频信号，且需同步信号；而非相干解调适用于窄带和宽带调频信号，且不需要同步信号，因而是 FM 系统的主要解调方式。我们只讨论调频信号非相干解调系统的抗噪性能，其分析模型如图 3-32 所示。

图 3-32 中限幅器是为了消除接收信号上可能出现的幅度畸变，带通滤波器的作用是抑制信号带宽以外的噪声。$n(t)$ 是均值为 0、单边功率谱密度为 n_0 的高斯白噪声，经过带通滤波器后变为窄带高斯噪声 $n_i(t)$。

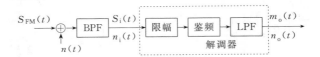

图 3-32 调频系统抗噪声性能分析模型

1）输入信噪比

设输入调频信号为

$$S_{FM}(t) = A\cos\left[\omega_c t + K_F \int_{-\infty}^{t} m(\tau)d\tau\right]$$

因而输入信号功率

$$S_i = \frac{A^2}{2} \tag{3.3-24}$$

BPF 的带宽与调频信号带宽 B_{FM} 相同，所以输入噪声功率

$$N_i = n_0 B_{FM} \tag{3.3-25}$$

因此，输入信噪比

$$\frac{S_i}{N_i} = \frac{A^2}{2 n_0 B_{FM}} \tag{3.3-26}$$

2）输出信噪比及调制制度增益

计算输出信噪比时，由于非相干解调不是线性叠加处理过程，因而无法分别计算信号与噪声功率。

在图 3-32 中，解调器输入波形是调频信号和窄带高斯噪声 $n_i(t)$ 的混合波形，可表示为

$$s_i(t) + n_i(t) = s_{FM}(t) + n_i(t) = A\cos[\omega_c t + \varphi(t)] + V(t)\cos[\omega_c t + \theta(t)] \tag{3.3-27}$$

其中，$\varphi(t)$ 为调频信号的瞬时相位；$V(t)$ 为窄带高斯噪声的瞬时幅度；$\theta(t)$ 为窄带高斯噪声的瞬时相位。

上式为两个同频正弦波相加，可以合成为一个正弦波，即

$$s_i(t) + n_i(t) = B(t)\cos[\omega_c t + \psi(t)] \tag{3.3-28}$$

经限幅器限幅去除包络起伏后，得鉴频器输入为 $V_0\cos[\omega_c t + \psi(t)]$。

可以看出，以上两式皆是携带信息的 $\varphi(t)$ 和表示噪声的 $V(t)$、$\theta(t)$ 的复杂函数，为使计算简化，和 AM 信号的非相干解调分析类似，考虑两种极端情况，即大信噪比情况和小信噪比情况。

（1）大信噪比情况。当输入信噪比很高，即 $A \gg V(t)$ 时，有

$$\psi(t) \approx \varphi(t) + \frac{V(t)}{A}\sin[\theta(t) - \varphi(t)] \tag{3.3-29}$$

此处，用到关系式 $\tan\alpha \approx \alpha$（当 $\alpha \ll 1$）。

鉴频器的输出应与输入信号的瞬时频偏成正比，若比例常数为 1，则由式（3.3-28）得鉴频器输出

$$V_o(t) = \frac{1}{2\pi} \times \frac{d\psi(t)}{dt} = \frac{1}{2\pi} \times \frac{d\varphi(t)}{dt} + \frac{1}{2\pi A} \times \frac{dn_d(t)}{dt}$$

$$= \frac{1}{2\pi} K_F m(t) + \frac{1}{2\pi A} \times \frac{dn_d(t)}{dt} \tag{3.3-30}$$

这里

$$n_d(t) = V(t) \sin[\theta(t) - \varphi(t)] \tag{3.3-31}$$

此时，式(3.3-29)中信号和噪声已经分开，第一项即为有用信号项，而第二项为噪声项。经进一步分析，可得解调器的输出信噪比为

$$\frac{S_o}{N_o} = \frac{3A^2 K_F^2 \overline{m^2(t)}}{8\pi^2 n_o f_m^3} \tag{3.3-32}$$

式中，f_m 为低通滤波器截止频率（亦即调制信号最高频率）。由式(3.3-26)、式(3.3-32)得大信噪比时，宽带调频系统制度增益为

$$G_{FM} = \frac{S_o/N_o}{S_i/N_i} = \frac{3K_F^2 B_{FM} \overline{m^2(t)}}{4\pi^2 f_m^3} \tag{3.3-33}$$

为获得简明的结果，下面考虑单频调制时的情况。设调制信号为 $m(t) = \cos\omega_m t$，则

$$\overline{m^2(t)} = \frac{1}{2}$$

这时的调频信号为

$$S_{FM}(t) = A\cos[\omega_c t + m_f \sin\omega_m t]$$

式中

$$m_f = \frac{K_F}{\omega_m} = \frac{\Delta\omega}{\omega_m} = \frac{\Delta f}{f_m}$$

将这些关系式分别代入式(3.3-32)，得解调器输出信噪比

$$\frac{S_o}{N_o} = \frac{3}{2} m_f^2 \frac{A^2/2}{n_o f_m} \tag{3.3-34}$$

解调器制度增益为

$$G_{FM} = \frac{S_o/N_o}{S_i/N_i} = \frac{3}{2} m_f^2 \frac{B_{FM}}{f_m} \tag{3.3-35}$$

宽带调频时，信号带宽为

$$B_{FM} = 2(m_f + 1)f_m = 2(\Delta f + f_m)$$

所以，式(3.3-35)还可以写成

$$G_{FM} = 3m_f^2(m_f + 1) \approx 3m_f^3 \tag{3.3-36}$$

上式表明，在大信噪比的情况下，宽带调频解调器的制度增益是很高的，与调制指数的三次方成正比。例如，调频广播中常取 $m_f = 5$，则制度增益 $G_{FM} = 450$。可见，加大调制指数 m_f，可使系统抗噪性能大大改善。

【例 3-1】　以单音调制为例，试比较调频系统与常规调幅系统的抗噪性能。假设两者接收信号功率 S_i 相等，信道噪声功率谱密度 n_o 相同。调制信号频率为 f_m，AM 信号为 100% 调制。

解：由常规调幅系统和调频系统性能分析可知

$$\left(\frac{S_o}{N_o}\right)_{FM} = G_{AM}\left(\frac{S_i}{N_i}\right)_{FM} = G_{AM}\frac{S_i}{n_o B_{FM}}$$

$$\left(\frac{S_o}{N_o}\right)_{AM} = G_{AM}\left(\frac{S_i}{N_i}\right)_{AM} = G_{AM}\frac{S_i}{n_o B_{AM}}$$

两者输出信噪比的比值为

$$\frac{(S_o/N_o)_{FM}}{(S_o/N_o)_{AM}} = \frac{G_{FM}}{G_{AM}} \times \frac{B_{AM}}{B_{FM}}$$

根据本题假设条件，有

$$G_{AM} = \frac{2}{3}, \; G_{FM} = 3m_f^2(m_f+1)$$

$$B_{AM} = 2f_m, \; B_{FM} = 2(m_f+1)f_m$$

将这些关系代入上式，得

$$\frac{(S_o/N_o)_{FM}}{(S_o/N_o)_{AM}} = 4.5m_f^2 \tag{3.3-37}$$

因此可见，在高调制指数时，调频系统的输出信噪比远大于调幅信号。例如，$m_f = 5$ 时，调频系统的输出信噪比是常规调幅时的 112.5 倍。这也可以理解成当两者输出信噪比相等时，调频信号的发射功率可减小至调幅信号的 1/112.5。

应当指出，调频系统的这一优越性是以增加传输带宽来换取的。因为

$$B_{FM} = 2(m_f+1)f_m = (m_f+1)B_{AM}$$

当 $m_f \gg 1$ 时

$$B_{FM} \approx m_f B_{AM}$$

代入式(3.3-37)，有

$$\frac{(S_o/N_o)_{FM}}{(S_o/N_o)_{AM}} = 4.5\left(\frac{B_{FM}}{B_{AM}}\right)^2 \tag{3.3-38}$$

这说明宽带 FM 输出信噪比相对于 AM 的改善，与它们传输带宽比的平方成正比。这就意味着，对于 FM 系统来说，增加传输带宽就可以改善抗噪性能。调频方式的这种以带宽换取信噪比的特性是十分有益的。而调幅系统中，由于信号带宽是固定的，因而不能实现带宽与信噪比的互换。这也正是在抗噪性能方面调频系统优于调幅系统的重要原因。

（2）小信噪比情况与门限效应。以上分析都是在输入信噪比足够大的条件下进行的。当处于小信噪比 [即 $V(t) \gg A$] 时，有

$$\psi(t) \approx \theta(t) + \frac{A}{V(t)}\sin[\varphi(t) - \theta(t)] \tag{3.3-39}$$

这里，也用到关系式 $\tan\alpha \approx \alpha$（当 $\alpha \ll 1$）。分析上式可知，这时解调器输出中已没有单独存在的有用信号，解调器输出几乎完全由噪声决定，因而输出信噪比急剧下降。这种情况与常规调幅包络检波时相似，我们也称之为门限效应。出现门限效应时所对应的输入信噪比的值被称为门限值（点）。

图 3-33 示出了调频解调器输入-输出信噪比性能曲线。为了便于比较，图中还画出了 DSB 信号同步检测时的性能曲线。由前面的讨论可知，后者是通过原点的直线。而对 FM 系统而言，当未发生门限效应时，FM 与 AM 的性能关系符合上面关系式，在相同输入信噪比情况下，FM 输出信噪比优于 AM 输出信噪比；但是，当输入信噪比降到某一门限（例如，图 3-33 中的门限值 α）时，FM 便开始出现门限效应；若继续降低输入信噪比，则 FM

解调器的输出信噪比将急剧变坏,甚至比 DSB 的性能还要差。

　　理论计算和实践均表明,应用普通鉴频器解调 FM 信号时,其门限效应与输入信噪比有关,一般发生在输入信噪比 $\alpha = 10\text{dB}$ 左右处。

　　在空间通信等领域中,对调频接收机的门限效应十分关注,希望在接收到最小信号功率时仍能满意地工作,这就要求门限值向低输入信噪比方向扩展。改善门限效应有许多种方法,目前应用较多的是锁相环路鉴频法、调频负回授鉴频法及"预加重""去加重"技术等。

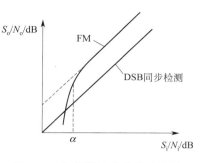

图 3-33　解调器性能曲线示意图

　　如同包检器一样,FM 解调器的门限效应也是由它的非线性的解调作用所引起的。由于在门限值以上时,FM 解调器具有良好的性能,故在实际中除设法改善门限效应外,一般应使系统工作在门限值以上。

3.4　各种模拟调制系统的比较

　　为了便于在实际中合理地选用各种模拟调制系统,现对它们作一扼要的比较。

1) 各种模拟调制方式总结

　　若用图示法来比较它们的抗噪声性能。假定所有调制系统在接收机输入端具有相等的信号功率,且加性噪声都是均值为 0、双边功率谱密度为 $n_0/2$ 的高斯白噪声,基带信号 $m(t)$ 带宽为 f_m,在所有系统都满足

$$\begin{cases} \overline{m(t)} = 0 \\ \overline{m^2(t)} = \dfrac{1}{2} \\ |m(t)|_{\max} = 1 \end{cases}$$

　　例如,$m(t)$ 为正弦型信号。综合前面的分析,可总结各种模拟调制方式的信号带宽、制度增益、输出信噪比、设备(调制与解调)复杂程度、主要应用等如表 3-1 所示。表中还进一步假设了 AM 为 100% 调制。

表 3-1　各种模拟调制方式总结

调制方式	信号带宽	制度增益	S_o/N_o	设备复杂度	主要应用
DSB	$2f_m$	2	$\dfrac{S_i}{n_o f_m}$	中等:要求相干解调,常与 DSB 信号一起传输一个小导频	点对点的专用通信,低带宽信号多路复用系统
SSB	f_m	1	$\dfrac{S_i}{n_o f_m}$	较大:要求相干解调,调制器也较复杂	短波无线电广播,话音频分多路通信
VSB	略大于 f_m	近似 SSB	近似 SSB	较大:要求相干解调,调制器需要对称滤波	数据传输;商用电视广播
AM	$2f_m$	$\dfrac{2}{3}$	$\dfrac{1}{3} \times \dfrac{S_i}{n_o f_m}$	较小:调制与解调(包络检波)简单	中短波无线电广播
FM	$2(m_f+1)f_m$	$3m_f^2(m_f+1)$	$\dfrac{3}{2}m_f^2 \dfrac{S_i}{n_o f_m}$	中等:调制器有点复杂,解调器较简单	微波中继、超短波小功率电台(窄带)卫星通信、调频立体声广播(宽带)

2）各种模拟调制方式性能比较

就抗噪性能而言，WBFM 最好，DSB、SSB、VSB 次之，AM 最差。NBFM 与 AM 接近。

图 3-34 示出了各种模拟调制系统的性能曲线，图中的圆点表示门限点。门限点以下，曲线迅速下跌；门限点以上，DSB、SSB 的信噪比比 AM 高 4.7dB 以上，而 FM（$m_f=6$）的信噪比比 AM 高 22dB。就频带利用率而言，SSB 最好，VSB 与 SSB 接近，DSB、AM、NBFM 次之，WBFM 最差。

由表 3-1 还可看出，FM 的调频指数越大，抗噪性能越好，但占据带宽越宽，频带利用率越低。

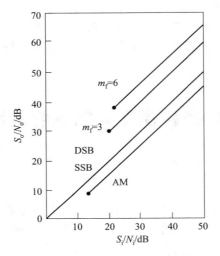

图 3-34　各种模拟调制系统的性能曲线

3.5　频分复用（FDM）

"复用"是一种将若干个彼此独立的信号，合并为一个可在同一信道上同时传输的复合信号的方法。比如，传输的语音信号的频谱一般在 $300 \sim 3400\,\mathrm{Hz}$ 内，为了使若干个这种信号能在同一信道上传输，可以把它们的频谱调制到不同的频段，合并在一起而不致相互影响，并能在接收端彼此分离开来。

1）信道带宽分割

在物理信道的可用带宽超过单个原始信号所需带宽情况下，可将该物理信道的总带宽分割成若干个与传输单个信号带宽相同（或略宽）的子信道，每个子信道传输一路信号。

2）频谱搬移

多路原始信号在频分复用前，先要通过频谱搬移技术将各路信号的频谱搬移到物理信道频谱的不同段上，使各信号的带宽不相互重叠，然后用不同的频率调制每一个信号，每个信号以它的载波频率为中心形成一定带宽的通道。为了防止互相干扰，使用保护带来隔离每一个通道。频分多路复用主要应用于模拟信号。

常见的有三种基本的多路复用方式：频分复用（FDM）、时分复用（TDM）与码分复用（CDM）。按频率区分信号的方法叫频分复用，按时间区分信号的方法叫时分复用，而按扩频码区分信号的方式称为码分复用。这里先讨论频分复用，频分多路复用是把每个要传输的信号以不同的载波频率进行调制，而且各个载波频率是完全独立的，即信号的带宽不会相互重叠，然后在传输介质上进行传输，这样在传输介质上就可以同时传输许多路信号。时分复用将在后面的章节进行讨论，时分多路复用即将一条物理信道按时间分成若干个时间片轮流地分配给多个信号使用。每一时间片由复用的一个信号占用，这样，利用每个信号在时间上的交叉，就可以在一条物理信道上传输多个数字信号。关于码分复用问题，也将在后面的章节作简要介绍。

频分复用的目的在于提高频带利用率。通常，在通信系统中，信道所能提供的带宽往往要比传送一路信号所需的带宽宽得多。因此，一个信道只传输一路信号是非常浪费的。为了充分利用信道的带宽，因而提出了信道的频分复用问题。

图 3-35 示出了一个频分复用电话系统的组成框图。图中，复用的信号共有 n 路，每路信号首先通过低通滤波器（LPF），以限制各路信号的最高频率 f_m。为简单起见，无妨设各路的 f_m 都相等。例如，若各路都是话音信号，则每路信号的最高频率皆为 3400Hz。然后，各路信号通过各自的调制器进行频谱搬移。调制器的电路一般是相同的，但所用的载波频率不同。调制的方式原则上可任意选择，但最常用的是单边带调制，因为它最节省频带。因此，图中的调制器由相乘器和边带滤波器（SBF）构成。在选择载频时，既应考虑到边带频谱的宽度，还应留有一定的防护频带 f_g，以防止邻路信号间相互干扰，即

$$f_{c(i+1)} = f_{ci} + (f_m + f_g) \quad i = 1, 2, \cdots n \tag{3.5-1}$$

式中，f_{ci} 和 $f_{c(i+1)}$ 分别为第 i 路和第（$i+1$）路的载波频率。显然，邻路间隔防护频带越大，对边带滤波器的技术要求越低。但这时占用的总频带要加宽，这对提高信道复用率不利。因此，实际中应尽量提高边带滤波技术，以使 f_g 尽量缩小。目前，按 CCITT 标准，防护频带间隔应为 900Hz。

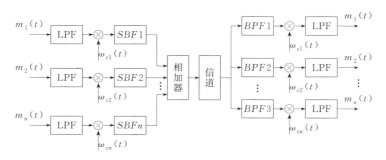

图 3-35　频分复用电话系统组成框图

经过调制的各路信号，在频率位置上就被分开了。因此，可以通过相加器将它们合并成适合信道内传输的复用信号，其频谱结构如图 3-36 所示。图中，各路信号具有相同的 f_m，但它们的频谱结构可能不同。n 路单边带信号的总频带宽度为

$$B_n = n f_m + (n-1) f_g = (n-1)(f_m + f_g) + f_m = (n-1)B_1 + f_m \tag{3.5-2}$$

式中，$B_1 = f_m + f_g$ 为一路信号占用的带宽。

合并后的复用信号，原则上可以在信道中传输，但有时为了更好地利用信道的传输特

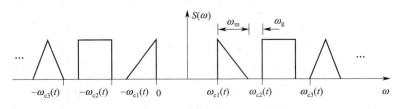

图 3-36 频分复用信号的频谱结构

性，还可以再进行一次调制。

在接收端，可利用相应的带通滤波器（BPF）来区分开各路信号的频谱。然后，再通过各自的相干解调器便可恢复各路调制信号。

频分复用系统的最大优点是信道复用率高，容许复用的路数多，分路也很方便。因此，它成为目前模拟通信中最主要的一种复用方式。特别是在有线和微波通信系统中应用十分广泛。

频分复用系统的主要缺点是设备生产比较复杂，另一个缺点是因滤波器件特性不够理想和信道内存在非线性而产生路间干扰。

本章小结

调制和解调是通信系统研究的重要问题之一。调制的作用是为实现有效的辐射、提高通信系统的可靠性和有效性。调制可以参照不同的标准进行分类。

通常按照调制前、后信号频谱之间是否存在线性关系来将模拟调制分为线性调制和非线性调制两种。其中，常规双边带调制 AM、抑制载波的双边带调制 DSB、单边带调制 SSB 和残留边带调制 VSB 属于线性调制；而频率调制和相位调制属于非线性调制。

线性调制系统频带利用率比较高，但抗干挠能力较差；非线性调制系统频带利用率比较差，但抗干挠能力较好。

从抗噪声能力的角度出发，调频系统性能最好，单边带系统和抑制载波的双边带系统次之，常规双边带调制信号由于绝大部分功率分配在载波功率上，其抗噪声性能最差。

频分复用技术可以在给定的信道内同时传输许多路信号，传输的路数越多，则信号传输的有效性越高，它成为目前模拟通信中最主要的一种复用方式，特别是在有线通信、无线电报通信、微波通信中都得到广泛应用。

习 题

3-1 调制的作用是什么？

3-2 从频谱上看，AM、DSB、SSB 的主要区别是什么？若调制信号带宽为 F，则 AM、DSB、SSB 信号的带宽各为多少？

3-3 已知线性调制信号表示式如下：

（1）$2\cos(\Omega t)\cos(\omega_c t)$；

（2）$[1+0.3\sin(\Omega t)]\cos(\omega_c t)$；

（3）$\cos(\Omega t)+\cos(\omega_c t)$；

式中，$\omega_c=9\Omega$。试分别画出它们的波形图和频谱图。

3-4 已知调幅波，试求：（1）载频是什么？（2）调幅指数为多少？（3）调制频率是多少？

$$S(t)=0.25\cos(2\pi\times10^4 t)+4\cos(2\pi\times1.1\times10^4 t)+0.25\cos(2\pi\times1.2\times10^4 t)\,V$$

3-5 已知载频为 1MHz，幅度为 3V，用单正弦信号来调频，调制信号频率为 2kHz，产生的最大频偏为 4kHz，试写出该调频波的时域表达式。

3-6 已知幅度为 2V、频率为 20MHz 的载波受到幅度为 1V、频率为 100Hz 由单正弦波信号来调制，最大频偏为 500Hz。试求：

（1）该调频波所占据的带宽为多少？

（2）若调制信号的幅度和频率各变为 2V、2000Hz 时，新调频信号的带宽为多少？

3-7 用 20kHz 的单频正弦信号对 2MHz 的载波进行调制，产生的最大频偏为 4kHz。试求：

（1）该调频信号的带宽？

（2）若调制信号的幅度减半，再求调频信号的带宽？

（3）若调制信号的频率加倍，再求调频信号的带宽？

3-8 有受 1kHz 正弦信号调制的信号为 $20\cos(\omega_c t+10\cos\omega_m t)$，试求该信号分别为调频信号和调相信号时，调制信号的角频率增加为原来的 2 倍、$\frac{1}{2}$ 倍时的调频指数及带宽。

3-9 设信道中加性噪声的单边功率谱密度为 0.5×10^{-9} W/Hz，路径衰耗为 60dB，调制信号是频率为 10kHz 的正弦信号。若希望解调输出信噪比为 40dB，试求下列情况下的最小发送功率。

（1）抑制载波的双边带调制，相干解调；

（2）单边带调制，相干解调；

（3）调频，最大频偏 10kHz，用鉴频器解调。

3-10 设某信道具有均匀的双边噪声功率谱密度 $P_n(f)=0.5\times10^{-3}$ W/Hz，在该信道中传输振幅调制信号，并设调制信号 $m(t)$ 的频带限制于 5kHz，载频是 100kHz，边带功率为 10kW，载波功率为 40kW。若接收机的输入信号先经过一个合适的理想带通滤波器，然后再加至包络检波器进行解调。试求：

（1）解调器输入端的信噪功率比；

（2）解调器输出端的信噪功率比；

（3）制度增益 G。

第4章

模拟信号的数字传输

【内容提要】本章主要介绍模拟信号转化为数字信号（A/D）的方法。首先介绍了模拟信号变换为数字信号的基本过程，包括抽样及抽样定理、均匀量化及非均匀量化的过程及特点，然后着重讨论了用来传输模拟语音信号常用的脉冲编码调制（PCM）和增量调制（ΔM）原理及性能，最后介绍了时分复用与多路数字电话系统的基本概念。

4.1　概　述

第1章中提到过，通信系统的信源有两大类：模拟信号和数字信号。通信系统可分为模拟通信系统和数字通信系统，如果在数字通信系统中传输模拟信号，通常这种传输方式被称为模拟信号的数字传输。这时就需要在数字通信系统的发送端将输入的模拟信号进行数字化，称为"模/数"变换，将模拟输入信号变换成数字信号；而在接收端相应地完成"数/模"变换，使传输的数字信号恢复成原始的模拟信号。

将模拟语音信号转化为数字信号的方法有很多，目前用的比较广泛的模数转换方法是脉冲编码调制，即 PCM。除此之外，增量调制（ΔM）也是模拟语音信号转换成数字信号的常用方法。采用脉冲编码调制的模拟信号数字传输系统如图 4-1 所示。

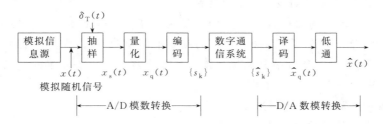

图 4-1　模拟信号数字传输系统

图 4-1 中，在发送端把模拟信号转换为数字信号的过程简称为模数转换，通常用符号 A/D 表示。A/D 转换包括三个步骤：抽样、量化和编码。抽样是把时间上连续的信号变成时间上离散的信号，但是其取值仍然是连续的；量化是把抽样值在幅度上进行离散化处理，使得量化后只有预定的 Q 个有限的值，此时，量化信号已经是数字信号了，它可以看成是多进制的数字脉冲信号；编码是用一个 M 进制的代码表示量化后的抽样值，通常用 $M=2$ 的二进制代码来表示。

增量调制（ΔM）也是模拟语音信号转换成数字信号的常用方法，从原理上讲它实际上是一种特殊的脉冲编码调制。除此之外，还有许多改进方法，用以实现模拟信号的数字化，例如：线性预测编码器（LPC）、自适应脉码增量调制（ADPCM）。

4.2　抽样定理

　　对一个带宽有限的连续模拟信号进行抽样时，若抽样频率足够大，则这些抽样值就能够完全代表原模拟信号，并且能够由这些抽样值准确地恢复出原模拟信号波形。因此，不一定要传输模拟信号本身，只要传输满足一定抽样频率要求的离散抽样值，接收端就能恢复出原模拟信号。描述抽样频率要求的定理即为抽样定理，它为模拟信号的数字化奠定了理论基础。

　　低通模拟信号抽样定理：一个频带限制在 $(0, f_H)$ 内的连续时间信号 $m(t)$，如果以 $T_s \leqslant 1/(2f_H)$ 秒的间隔对其进行等间隔抽样，则 $m(t)$ 将被这些抽样值所完全确定。也就是说，如果以 $f_s \geqslant 2f_H$ 的抽样频率进行均匀抽样，$m(t)$ 可以被得到的抽样值完全确定。最小抽样频率 $f_s = 2f_H$ 称为奈奎斯特频率，最大抽样间隔 $T_s = 1/(2f_H)$ 称为奈奎斯特间隔。

　　下面就来证明这个定理。

　　设有一个频带限制在 $(0, f_H)$ 内的连续时间信号 $m(t)$，如图 4-2(a) 所示。将这个信号和周期性单位冲激脉冲 $\delta_T(t)$ 相乘，$\delta_T(t)$ 如图 4-2(b) 所示，其重复周期为 T_s，重复频率为 $f_s = 1/T_s$，乘积就是抽样信号，记为 $m_s(t)$，它是一系列间隔为 T_s 秒的强度不等的冲激脉冲，这些冲激脉冲的强度等于对应时刻上 $m(t)$ 的值，如图 4-2(c) 所示。抽样信号 $m_s(t)$ 可以表示为

$$m_s(t) = m(t) \cdot \delta_T(t) \tag{4.2-1}$$

　　式中

$$\delta_T(t) = \sum_{n=-\infty}^{\infty} \delta(t - nT_s) \tag{4.2-2}$$

　　假设式中 $m(t)$、$\delta_T(t)$ 和 $m_s(t)$ 的频谱分别为 $M(\omega)$、$\delta_T(\omega)$ 和 $M_s(\omega)$。根据频域卷积定理，$m(t) \cdot \delta_T(t)$ 的频谱是 $M(\omega)$ 与 $\delta_T(\omega)$ 的卷积，因此可以得到 $M_s(\omega)$ 的表示式

$$M_s(\omega) = \frac{1}{2\pi}[M(\omega) * \delta_T(\omega)] \tag{4.2-3}$$

　　根据式(4.2-2) 对周期性单位冲激脉冲的定义，可以得到其频谱的表示式

$$\delta_T(\omega) = \frac{2\pi}{T_s} \sum_{n=-\infty}^{\infty} \delta(\omega - n\omega_s) \tag{4.2-4}$$

其中，$\omega_s = \dfrac{2\pi}{T_s} = 2\pi f_s$。

　　将式(4.2-4) 代入式(4.2-3)，可以得到：

$$M_s(\omega) = \frac{1}{2\pi}\left[M(\omega) * \frac{2\pi}{T_s} \sum_{n=-\infty}^{\infty} \delta(\omega - n\omega_s)\right] = \frac{1}{T_s} \sum_{n=-\infty}^{\infty} M(\omega - n\omega_s) \tag{4.2-5}$$

　　式(4.2-5) 表明，由于 $M(\omega - n\omega_s)$ 是信号频谱 $M(\omega)$ 在频率轴上平移了 $n\omega_s$ 的结果，所以抽样信号频谱 $M_s(\omega)$ 是无数间隔频率为 ω_s 的原信号频谱 $M(\omega)$ 的叠加。因为已经假设信号 $m(t)$ 的最高频率为 $\omega_H = 2\pi f_H$，所以若式(4.2-4) 中的频率间隔 $\omega_s \geqslant 2\omega_H$，则 $M_s(\omega)$ 中包含的每个原信号频谱 $M(\omega)$ 之间互不重叠，如图 4-2(f) 所示。这样就能够用一

个低通滤波器从 $M_s(\omega)$ 中分离出原信号 $m(t)$ 的频谱 $M(\omega)$，也就是能从抽样信号中恢复出原信号。

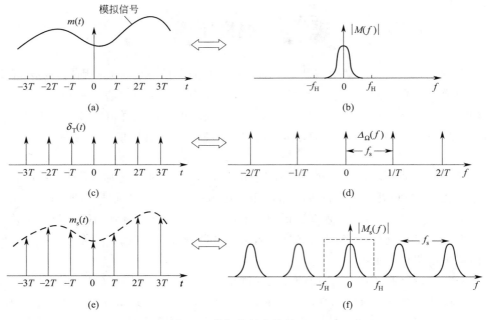

图 4-2　模拟信号的抽样过程

由于实际滤波器的不理想特性，即截止边缘不可能做到如此陡峭。所以，实用的抽样频率 f_s 必须比 $2f_H$ 大得多一些。例如，典型电话信号的最高频率通常限制在 3400 Hz，而抽样频率通常采用 8000Hz。

在实际应用中，还会遇到带通模拟信号的抽样。假设带通模拟信号的频带限制在 f_L 和 f_H 之间，即其频谱最低频率大于 f_L，最高频率小于 f_H，信号带宽 $B = f_H - f_L$。此时并不需要抽样频率高于 2 倍最高频率，带通模拟信号所需最小抽样频率 f_s 等于

$$f_s = 2B\left(1 + \frac{k}{n}\right)$$

式中，B 为信号带宽；n 为商 (f_H/B) 的整数部分，$n = 1, 2, \cdots$；k 为商 (f_H/B) 的小数部分，$0 < k < 1$。带通信号的抽样频率在 $2B \sim 4B$ 之间变动。

4.3　脉冲振幅调制（PAM）

上一节讨论抽样定理时，我们使用冲激函数去抽样，如图 4-2 所示。但是实际的抽样脉冲的宽度和高度都是有限的。可以证明，这样抽样时，抽样定理仍然正确。从另一个角度看，抽样过程可以看作是以周期性脉冲序列作为载波，以模拟信号作为调制信号的振幅调制的过程。这种调制称为脉冲振幅调制（PAM）。通常，按照基带信号去改变周期性脉冲序列参量的不同，把脉冲调制分为脉冲振幅调制（PAM）、脉冲宽度调制（PDM）、脉冲位置调制（PPM）。本小节重点讨论脉冲振幅调制（PAM）的工作原理。

设基带模拟信号为 $m(t)$，如图 4-3(a) 所示；用这个信号对一个脉冲载波 $s(t)$ 进行调

幅，$s(t)$ 的周期为 T，脉冲宽度为 τ，幅度为 A，如图 4-3(b) 所示；则抽样信号 $m_s(t)$ 即为 $m(t)$ 和 $s(t)$ 的乘积，并且根据频域卷积定理可知，抽样信号 $m_s(t)$ 的频谱就是两者频谱的卷积，即

$$M_s(\omega) = \frac{1}{2\pi} [M(\omega) * S(\omega)] \qquad (4.3\text{-}1)$$

式中，$M(\omega)$ 为 $m(t)$ 的频谱函数；$S(\omega)$ 为脉冲载波 $s(t)$ 的频谱。

根据对脉冲载波的定义可知，由脉宽为 τ、幅度为 A 的单个矩形脉冲 $A g_\tau(t)$ 和周期性冲激函数 $\delta_T(t)$ 进行卷积可以得到脉冲载波 $s(t)$，其时域表达式为

$$s(t) = A g_\tau(t) * \delta_T(t) = A g_\tau(t) * \sum_{n=-\infty}^{\infty} \delta(t - nT_s) \qquad (4.3\text{-}2)$$

根据时域卷积定律，上式中 $s(t)$ 的频谱函数为

$$S(\omega) = G_\tau(\omega) \cdot \delta_T(\omega) = \frac{2\pi\tau A}{T_s} \sum_{n=-\infty}^{\infty} Sa\left(\frac{\tau\omega_s}{2}\right) \delta(\omega - n\omega_s) \qquad (4.3\text{-}3)$$

将式(4.3-3) 代入式(4.3-1) 中可得到：

$$M_s(\omega) = \frac{A\tau}{T_s} \sum_{n=-\infty}^{\infty} Sa\left(\frac{\tau\omega_s}{2}\right) M(\omega - n\omega_s) \qquad (4.3\text{-}4)$$

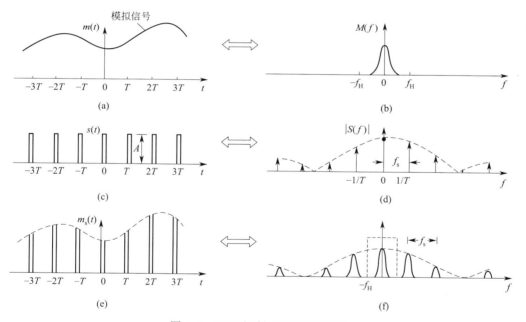

图 4-3　PAM 调制过程波形和频谱

从图 4-3 中可见，PAM 信号 $m_s(t)$ 的频谱 $M_s(\omega)$ 的包络呈 $Sa(x)$ 形变化，当 $n=0$ 时，得到的频谱函数为 $\dfrac{A\tau}{T_s} M(\omega)$，与基带信号的频谱 $M(\omega)$ 相比，只差一个比例系数 $\dfrac{A\tau}{T_s}$。因此，抽样频率只要满足 $f_s \geqslant 2f_H$，就可以用一个截止频率为 f_H 的低通滤波器分离出原模拟信号。

上述 PAM 调制中，得到的已调信号 $m_s(t)$ 的脉冲顶部与原模拟信号波形相同，这种 PAM 常称为自然抽样。在实际应用中，则常用"抽样保持电路"产生 PAM 信号，其电路的原理方框图可以用图 4-4 表示。图中，模拟信号 $m(t)$ 和脉冲宽度趋于 0 的周期性脉冲

（近似冲激函数）$\delta_T(t)$ 相乘，得到乘积 $m_s(t)$，然后通过一个脉冲形成电路，将抽样电压保持一定时间。这样，保持电路的输出脉冲波形保持平顶，如图 4-5 所示。

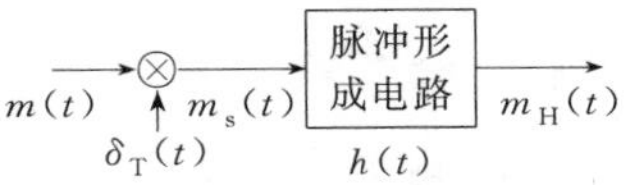

图 4-4　抽样保持电路

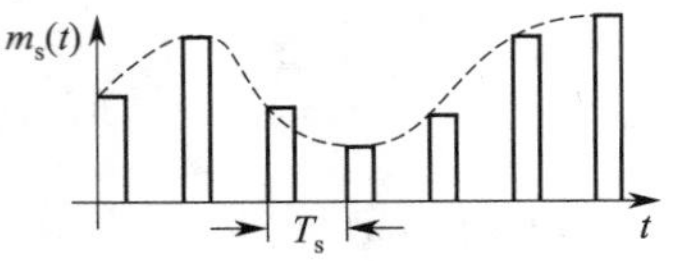

图 4-5　平顶 PAM 信号波形

脉冲形成电路的作用是将理想抽样得到的冲激脉冲串变为一系列平顶的脉冲（矩形脉冲），因此，这种抽样被称为平顶抽样。对于平顶抽样来说，由于脉冲形成电路的输入端是冲激脉冲序列，因此，脉冲形成电路的作用是把冲激脉冲变为矩形脉冲。

4.4 模拟信号的量化

4.4.1　量化的基本原理

经过抽样后，模拟信号变成了时间上离散的抽样信号，但其幅值仍然连续，也就是说它仍然是模拟信号，抽样信号必须经过量化才能成为时间与幅值均为离散的数字信号。因此，量化完成的是抽样信号幅值上的离散化处理，即将抽样信号幅值上由连续状态变成离散状态。

图 4-6 给出了一个量化过程的例子。图中模拟信号 $x(t)$ 按照适当抽样间隔 T_s 进行均匀抽样，在各抽样时刻上的抽样值用 "·" 表示，第 k 个抽样值为 $x(kT_s)$，k 为整数；将抽样值的范围划分成 N 个区间，用 $x_i\,(i=0,2,\cdots,N)$ 表示区间的端点，在图上用 "°" 表示，

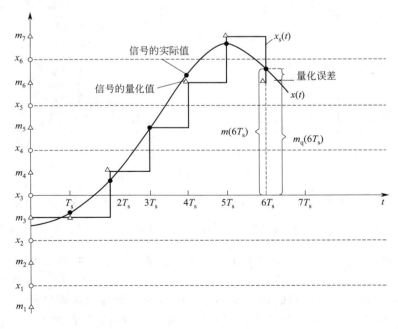

图 4-6　量化过程示意图

每个区间称为一个量化区间，并用一个电平表示，记为 m_i（$i=1,2,\cdots,N$），这样，共有 N 个离散电平，它们称为量化电平，在图上用符号 Δ 表示。量化就是用这 N 个离散的量化电平表示连续的抽样值的过程。图中假设只有 7 个量化电平，也就是有 7 个量化级。根据量化的定义，可以写出一般公式：

$$x_q(kT_s)=m_i，\text{当 } x_{i-1}\leqslant x(kT_s)<x_i \tag{4.4-1}$$

因此，量化器的输出是阶梯波形，这样 $x_q(t)$ 可表示为

$$x_q(t)=x_q(kT_s)，\text{当 } kT_s\leqslant t<(k+1)T_s \tag{4.4-2}$$

结合图 4-6 以及上面的分析可知，量化后的信号 $x_q(t)$ 是对原来信号 $x(t)$ 的近似。当抽样频率一定时，随着量化级数目增加，可以使 $x_q(t)$ 与 $x(t)$ 近似度提高。

在原理上，量化过程可以认为是在一个量化器中完成的。量化器的输入信号为 $x(kT_s)$，输出信号为 $x_q(kT_s)$，如图 4-7 所示。而在实际中，量化过程常常是和后续的编码过程结合在一起完成的，不一定存在独立的量化器。

$$x(kT_s)\rightarrow \boxed{\text{量化器}} \rightarrow x_q(kT_s)$$

图 4-7　量化器

在图 4-6 中 N 个量化区间是等间隔划分的，这种量化方式称为均匀量化。N 个量化区间也可以不均匀划分，称为非均匀量化。下面将分别讨论这两种量化方法。

4.4.2　均匀量化

设模拟信号抽样值的取值范围在 a 和 b 之间，量化电平数为 N，那么均匀量化时的量化间隔为

$$\Delta=(b-a)/N \tag{4.4-3}$$

为简化公式的表述，可以把模拟信号的抽样值 $x(kT_s)$ 简写成 x，把相应的量化值 $x_q(kT_s)$ 简写成 x_q，这样量化值 x_q 可按下式产生：

$$x_q=m_i \quad \text{当 } x_{i-1}\leqslant m_i<x_i \tag{4.4-4}$$

式中，$x_i=a+i\Delta$，$m_i=(x_{i-1}+x_i)/2$，$i=1,2,\cdots,N$。

显然，量化输出电平和量化输入的抽样值一般不同，因此，$x_q(kT_s)$ 和 $x(kT_s)$ 存在误差，这种误差被称为量化误差。量化误差一旦形成，在接收端是无法去掉的，这个量化误差像噪声一样影响通信质量，因此也称为量化噪声。通常用量化信号功率与量化噪声功率之比（简称量化信噪功率比）来衡量此误差对于信号影响的大小。对于给定的信号最大幅度，量化电平数越多，量化噪声越小，量化信噪功率比越高。量化信噪功率比是量化器的主要指标之一。下面来分析均匀量化时的平均量化信噪功率比。

设抽样值 x 在某一个范围内变化时，量化值 x_q 取各区间的中点时，其对应关系如图 4-8(a) 表示，相应的量化误差与 x 的关系用图 4-8(b) 表示。

由图 4-8(a) 可以看出，量化信号功率为

$$S_q=E\{(x_q)^2\}=\sum_{i=1}^N (m_i)^2\int_{x_{i-1}}^{x_i} f_x(x)\,\mathrm{d}x \tag{4.4-5}$$

同样，由图 4-8(b) 可以看出，量化噪声功率为

$$N_q=E\{(x-x_q)^2\}=\sum_{i=1}^N \int_{x_{i-1}}^{x_i} (x-m_i)^2 f_x(x)\,\mathrm{d}x \tag{4.4-6}$$

假设信号 $x(t)$ 的幅值在 $(-a,a)$ 范围内均匀分布，这时概率密度函数 $f_x(x)=1/(2a)$，这样就有

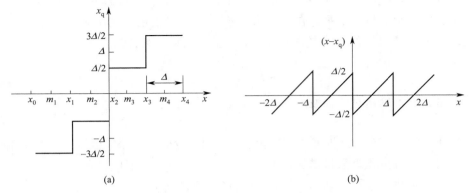

图 4-8 均匀量化和量化误差曲线

$$\Delta = \frac{2a}{N}, \; x_i = -a + i\Delta = \left(i - \frac{N}{2}\right)\Delta, \; m_i = -a + i\Delta - \frac{\Delta}{2} = \left[i - \frac{(N+1)}{2}\right]\Delta \quad (4.4\text{-}7)$$

经计算量化信号和量化噪声的功率分别为

$$S_q = \sum_{i=1}^{N}(m_i)^2 \int_{x_{i-1}}^{x_i} f_x(x)\,\mathrm{d}x = \frac{(N^2-1)}{12}\Delta^2 \quad (4.4\text{-}8)$$

$$N_q = \sum_{i=1}^{N} \int_{x_{i-1}}^{x_i} (x - m_i)^2 f_x(x)\,\mathrm{d}x = \frac{\Delta^2}{12} \quad (4.4\text{-}9)$$

因此,量化信噪比为

$$\frac{S_q}{N_q} = \left[\frac{(N^2-1)\Delta^2}{12}\right] \Big/ \left(\frac{\Delta^2}{12}\right) = N^2 - 1 \quad (4.4\text{-}10)$$

通常 $N = 2^k \gg 1$,这时 $\dfrac{S_q}{N_q} \approx N^2 = 2^{2k}$,如果用分贝表示,则

$$\left(\frac{S_q}{N_q}\right)\big/\mathrm{dB} \approx 10\lg N^2 = 20\lg N = 20\lg 2^k = 20k\lg 2 \approx 6k\,(\mathrm{dB}) \quad (4.4\text{-}11)$$

式(4.4-11)中的 k 表示量化级的二进制码元个数,从式中可以看出,量化级的 N 值越大,用来表述的二进制码组越长,所得到的量化信噪比越大,信号的逼真度就越好。

在实际应用中,对于给定的量化器,量化电平数 N 和量化间隔 Δ 都是确定的。所以,由式(4.4-9)可知,量化噪声功率也是确定的。但是,信号的强度可能随时间变化,时大时小,这样,当信号 $x(t)$ 值小时,量化信噪比也小,对于弱信号的量化信噪比就难以达到给定的要求。所以,这种均匀量化器对于小输入信号很不利。为了克服这个缺点,改善小信号时的量化信噪比,在实际应用中常采用下节将要讨论的非均匀量化。

4.4.3　非均匀量化

非均匀量化时,量化间隔是随信号抽样值的大小不同而变化的。当信号抽样值小时,量化间隔 Δ 也小;信号抽样值大时,量化间隔 Δ 也变大。这样可以提高小信号时的量化信噪比,并适当减小大信号时的量化信噪比。

实际中,非均匀量化的实现方法通常是在进行量化之前,先将信号抽样值压缩,再进行均匀量化。这里的压缩是用一个非线性电路将输入电压 x 变换成输出电压 y,从而实现对大

信号进行压缩而对小信号进行放大，即

$$y = f(x) \tag{4.4-12}$$

信号经过这种非线性电路压缩处理后，改变了大信号和小信号间的比例关系，使大信号的值基本不变或变得较小，而小信号相应地按比例增大，即"压大补小"。这样经过压缩处理的信号再进行均匀量化，其效果相当于对原信号进行非均匀量化。在接收端将收到的相应信号进行扩张，以恢复原始信号对应关系，扩张特性与压缩特性相反。

目前在数字通信系统中采用两种压缩特性，即 A 压缩律和 μ 压缩律。我国、欧洲各国以及国际间互联时采用 A 压缩律，北美、日本和韩国等少数国家和地区采用 μ 压缩律。下面将分别讨论这两种压缩特性，这里只讨论 $x \geqslant 0$ 的范围，而 $x < 0$ 的关系曲线和 $x \geqslant 0$ 的关系曲线是以原点为中心的奇对称关系。

1）A 压缩律

A 压缩律（简称 A 律）是指符合下式的压缩规律：

$$y = \begin{cases} \dfrac{Ax}{1+\ln A} & 0 \leqslant x \leqslant \dfrac{1}{A} \\ \dfrac{1+\ln Ax}{1+\ln A} & \dfrac{1}{A} < x \leqslant 1 \end{cases} \tag{4.4-13}$$

式中，x 为压缩器归一化输入信号；y 为压缩器归一化输出信号；A 为常数，它决定压缩程度。$A=1$ 时无压缩，A 越大压缩效果越明显。

由式(4.4-13)可知，在 $0 \leqslant x \leqslant 1/A$ 范围内，y 与 x 成正比，是一条直线方程；在 $1/A < x \leqslant 1$ 范围内，y 与 x 是对数函数关系，对应是一条曲线，这是为保持量化信噪比恒定所需的理想特性的关系。其中 A 不同，则压缩曲线的形状不同，这将特别影响小电压时的量化信噪比的大小。在实用中，选择 $A=87.6$。

2）13 折线压缩特性——A 律的近似

按照式(4.4-13)得到的 A 律压缩特性曲线是一条连续的平滑曲线，用电子线路很难准确地实现。为此，人们提出了采用数字电路来获得特性曲线，其基本思想是利用大量数字电路形成若干折线，并用这些折线来近似对数的压缩特性，从而达到压缩的目的。

用折线实现压缩技术，它既不同于均匀量化的直线，又不同于对数压缩特性的光滑曲线。虽然总的来说用折线作压缩特性是非均匀量化，但它既有非均匀（不同折线具有不同斜率）量化，又有均匀（在同一折线范围内）量化。13 折线就是近似 A 律压缩特性。图 4-9 中展示出了这种特性曲线。

图 4-9 中横坐标 x 在 $(0,1)$ 区间内分为不均匀的八段。其分法是：将 $0 \sim 1$ 之间一分为二，其中点为 $1/2$，取 $1/2 \sim 1$ 间的线段称为第 8 段；剩余的 $0 \sim 1/2$ 间再一分为二，中点 $1/4$，取 $1/4 \sim 1/2$ 间的线段称为第 7 段，再把 $0 \sim 1/4$ 之间一分为二，中点为 $1/8$，取 $1/8 \sim 1/4$ 间的线段称为第 6 段；依此类推，直至 $0 \sim 1/128$ 间的线段称为第 1 段。图中纵坐标 y 则均匀地划分为 8 段，它们与横坐标 x 的 8 段一一对应。从第 1 段到第 8 段分别为：$0 \sim 1/8$, $1/8 \sim 2/8$, $\cdots$, $7/8 \sim 1$。这样就能将横坐标的 8 段与纵坐标的 8 段相应的坐标点 (x,y) 相连，就得到了一条由 8 段直线构成的一条折线。由图 4-9 可见，除第 1，2 段外，其他各段折线的斜率都不相同。在表 4-1 中列出了这些斜率。

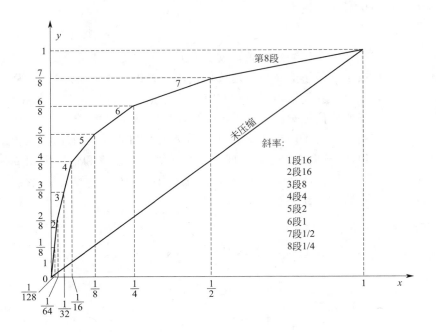

图 4-9 13 折线

表 4-1 各段折线的斜率

折线段号	1	2	3	4	5	6	7	8
斜率	16	16	8	4	2	1	1/2	1/4

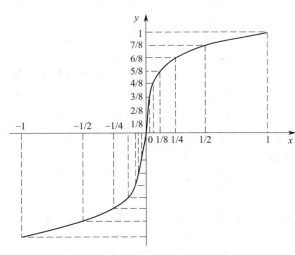

图 4-10 对称输入 13 折线压缩特性

因为话音信号为交流信号，即输入电压 x 有正负极性。所以，上述的压缩特性只是实用的压缩特性曲线的一半。x 的取值应该还有负的一半。这就是说，在坐标系的第三象限还应有另一半曲线，它与第一象限的压缩特性曲线形状相同，且以原点成奇对称，如图 4-10 所示。在图 4-10 中，第一象限中的第一和第二段折线斜率相同，所以构成一条直线。同样，在第三象限中的第一和第二段折线斜率也相同，并且和第一象限中的斜率相同。所以，这四段折线构成了一条直线。因此，在这正负两个象限中的完整压缩曲线共有 13 段折线，故称 13 折线压缩特性。

13 折线压缩特性包含了 16 个折线段，在输入端，如果将每个折线段再均匀地划分为 16 个量化等级，也就是在每段折线内进行均匀量化，这样第 1 段和第 2 段的最小量化间隔相同，为

$$\Delta_{1,2} = \frac{1}{128} \times \frac{1}{16} = \frac{1}{2048} \tag{4.4-14}$$

输出端由于是均匀划分的，各段间隔为 $1/8$，每段再 16 等分，因此每个量化级间隔为 $1/(8\times16) = 1/128$。

用 13 折线进行压扩和量化后，可以作出量化信噪比与输入信号间的关系曲线如图 4-11 所示。从图中可以看出，在小信号区域，量化信噪比与 12 位线性编码相同，但在大信号区域 13 折线法 8 位码的量化信噪比不如 12 位线性编码。

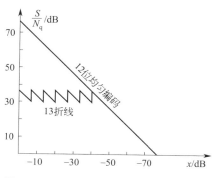

图 4-11　两种编码方法量化信噪比的比较

以上详细地讨论了 A 律的压缩原理。至于扩张，实际上是压缩的相反过程，只要掌握了压缩原理就不难理解扩张原理。限于篇幅，这里不再赘述。

4.5　脉冲编码调制（PCM）

模拟信号经过抽样和量化后，可以得到一系列的离散输出，共有 N 个电平状态。当 N 较大时，如果直接传输 N 进制的信号，其抗噪声性能将会是很差的。因此，通常在发送端通过编码器把 N 进制信号变换为 k 位二进制数字信号 $(2^k \geqslant N)$。而在接收端将收到的二进制码元经过译码器再还原为 N 进制信号，这种系统就是脉冲编码调制（PCM）系统。

把量化后的信号变换成代码的过程称为编码，其相反的过程称为译码。编码广泛应用于通信、计算机、数字仪表等领域，其方法也是多种多样的，按编码器的速度来分，大致可以分为两大类：低速编码和高速编码，通信中一般采用高速编码。编码器的种类大体上可以归结为三种：逐次比较（反馈）型、折叠级联型和混合型。本节仅介绍目前用得较为广泛的逐次比较型编码和译码原理。

讨论编码原理以前，需要明确常用的编码码型及码位数的选择和安排。

4.5.1　常用的二进制编码码型

二进制码具有很好的抗噪声性能，并易于再生，因此 PCM 中一般采用二进制码。对于 N 个量化电平，可以用 k 位二进制码来表示，称其中每一种组合为一个码字。通常可以把量化后的所有量化电平按某种次序排列起来，并列出各对应的码字，而这种对应关系的整体就称为码型。常用的二进制码型有三种，即自然二进制码、折叠二进制码和格雷二进制码。以 4 位二进制码字为例，则上述 3 种码型的码字如表 4-2 所示。

表 4-2　4 位二进制码码型

电平序号	自然码 NBC				折叠码 FBC				格雷码 RBC			
	b_1	b_2	b_3	b_4	b_1	b_2	b_3	b_4	b_1	b_2	b_3	b_4
15	1	1	1	1	1	1	1	1	1	0	0	0
14	1	1	1	0	1	1	1	0	1	0	0	1
13	1	1	0	1	1	1	0	1	1	0	1	1

续表

电平序号	自然码 NBC				折叠码 FBC				格雷码 RBC			
	b_1	b_2	b_3	b_4	b_1	b_2	b_3	b_4	b_1	b_2	b_3	b_4
12	1	1	0	0	1	1	0	0	1	0	1	0
11	1	0	1	1	1	0	1	1	1	1	1	0
10	1	0	1	0	1	0	1	0	1	1	1	1
9	1	0	0	1	1	0	0	1	1	1	0	1
8	1	0	0	0	1	0	0	0	1	1	0	0
7	0	1	1	1	0	0	0	0	0	1	0	0
6	0	1	1	0	0	0	0	1	0	1	0	1
5	0	1	0	1	0	0	1	0	0	1	1	1
4	0	1	0	0	0	0	1	1	0	1	1	0
3	0	0	1	1	0	1	0	0	0	0	1	0
2	0	0	1	0	0	1	0	1	0	0	1	1
1	0	0	0	1	0	1	1	0	0	0	0	1
0	0	0	0	0	0	1	1	1	0	0	0	0

自然二进制码是大家最熟悉的二进制码，从左至右其权值分别为 8、4、2、1，因此有时也被称为 8421 码。

折叠二进制码是目前 A 律 13 折线 PCM30/32 路设备所采用的码型。这种码是由自然二进制码演变而来的，除去最高位，折叠二进制码的上半部分与下半部分呈倒影关系（折叠关系）。上半部分最高位为 0，其余各位由下而上按自然二进制码规则编码；下半部分最高位为 1，其余各位由上向下按自然二进制码规则编码。这种码对于双极性信号（语音信号通常如此），通常可用最高位表示信号的极性，而用第二位至最后一位表示信号幅度的绝对值，即只要正、负极性信号幅度的绝对值相同，则可进行相同的编码。这就是说，用第一位表示极性后，双极性信号可以采用单极性编码方法，因此，采用折叠二进制码可以大大简化编码的过程。

除此之外，折叠二进制码还有一个特点，就是在传输过程中如果出现误码，对于小信号影响较小。例如：由大信号 1111 误判为 0111，从表 4-2 可看到，对于自然二进制码解码后得到的样值脉冲与原信号相比，误差为 8 个量化级；而对于折叠二进制码，误差为 15 个量化级。显然，大信号时误码对折叠二进制码影响较大。如果误码发生在小信号时，例如：1000 误判为 0000，对于自然二进制误差仍为 8 个量化级，而对于折叠二进制码，误差却只有 1 个量化级。这一特性十分可贵，因为，话音信号中小幅度信号出现的概率比大幅度信号出现的概率大。

在介绍格雷二进制码之前，首先了解下码距的概念。码距是指两个码字对应码位取值不同的位数。格雷二进制码是按照相邻两组码字之间只有一个码位的取值不同（即相邻两组码的码距均为 1）而构成的，如表 4-2 所示，其编码过程如下：从 0000 开始，由后（低位）往前（高位）每次只变一个码位数值，而且只有当后面的那位码不能变时，才能变前面的一位码。这种码通常可用于工业控制当中的继电器控制，以及通信中采用编码管进行的编码过程。

上述分析是在 4 位二进制码字基础上进行的，实际上码字位数的选择在数字通信中非常重要，它不仅关系到通信质量的好坏，而且还涉及通信设备的复杂程度。码字位数的多少，决定了量化级的多少。反之，若信号量化分层数一定，则编码位数也就被确定。可见，在输入信号变化范围一定时，用的码字位数越多，量化分层越细，量化噪声就越小，通信质量当然就越好，但码位数目多了，总的传输码率会相应增加，会使信号的传输量和存储量增大，编码器也将较复杂。在话音通信中，通常采用 8 位的 PCM 编码就能够保证满意的通信质量。下面将结合我国采用的 13 折线法的编码，介绍一种码位排列方法。

4.5.2　基于 A 律 13 折线的码位安排

在 A 律 13 折线编码中，正负方向共有 16 个段落，在每一个段落内有 16 个均匀分布的量化电平，因此总的量化电平数 $L=256$，编码位数 $n=8$。其中：第一位 C_1 称为极性码，用数值"1"或"0"分别代表抽样量化值的正、负极性；后面的 7 位分为段落码和段内码两部分，用于表示量化值的绝对值。其中第 2 至第 4 位 $(C_2C_3C_4)$ 称为段落码，共计 3 位，8 种可能状态分别代表 8 个段落；其他 4 位 $(C_5 \sim C_8)$ 称为段内码，16 种可能状态分别代表每一段落内的 16 个均匀划分的量化电平。表 4-3 和表 4-4 中给出了段落码和段内码的编码规则。上述编码是将压缩、量化和编码合为一体的方法。根据上述分析，8 位码的排列如下：

极性码	段落码	段内码
C_1	$C_2C_3C_4$	$C_5C_6C_7C_8$

从折叠二进制码的规律可知，对于两个极性不同，但绝对值相同的样值脉冲，用折叠二进制码表示时，除极性码 C_1 不同外，其余几位码是完全一样的。因此在编码过程中，只要将样值脉冲的极性判别出后，编码器是以样值脉冲的绝对值进行量化和输出码组的。这样只考虑 13 折线中的对应正输入信号的 8 段折线就可以了。

表 4-3　段落码

段落序号	段落码 $C_2C_3C_4$	段落单位(量化单位)
8	111	1024～2048
7	110	512～1024
6	101	256～512
5	100	128～256
4	011	64～128
3	010	32～64
2	001	16～32
1	000	0～16

表 4-4　段内码

量化间隔	段内码 $C_5C_6C_7C_8$	量化间隔	段内码 $C_5C_6C_7C_8$
15	1111	7	0111
14	1110	6	0110
13	1101	5	0101
12	1100	4	0100
11	1011	3	0011
10	1010	2	0010
9	1001	1	0001
8	1000	0	0000

在上述编码方法中，虽然各段内的 16 个量化级是均匀的，但因段落长度不等，故不同段落间的量化级是非均匀的。当输入信号小时，段落短，量化级间隔小；反之，量化级间隔大。在 13 折线中，第 1、2 段最短，根据 4.4.3 节的分析可知，第 1、2 段的归一化长度是 1/128，再将其等分为 16 小段后，每一小段的长度为 $(1/128) \times (1/16) = 1/2048$，这就是最小的量化间隔，后面将此最小量化间隔 $(1/2048)$ 称为 1 个量化单位，记为 1Δ。根据 13 折线的定义，可以计算出 A 律 13 折线每一个量化段的电平范围、起始电平 I_{si}、段内码对应权值和各段落内量化间隔 Δ_i。具体计算结果如表 4-5 所示。

表 4-5　13 折线 A 律有关参数表

段落序号	电平范围	段落码	段落起始电平	量化间隔电平	段内码对应权值(Δ)			
$i=1\sim8$	(Δ)	$C_2C_3C_4$	$I_{si}(\Delta)$	$\Delta_i(\Delta)$	C_5	C_6	C_7	C_8
8	1024～2048	111	1024	64	512	256	128	64
7	512～1024	110	512	32	256	128	64	32
6	256～512	101	256	16	128	64	32	16
5	128～256	100	128	8	64	32	16	8
4	64～128	011	64	4	32	16	8	4
3	32～64	010	32	2	16	8	4	2
2	16～32	001	16	1	8	4	2	1
1	0～16	000	0	1	8	4	2	1

4.5.3　逐次比较型编码原理

逐次比较型编码器编码的方法与用天平称重物的过程极为相似。当把重物放入托盘内，开始称重，第 1 次称重所加砝码（在编码术语中称为"权"，它的大小称为权值）是估计的，这种权值当然不能正好使天平平衡，此时要做出正确判断，若砝码的权值大了，则第 2 次要换一个小一些的砝码再称，反之，若砝码的权值小了，则要换一个大一些的砝码再称。因此，这第 2 次所加的砝码的权值，是根据第 1 次做出的判断结果而定的，在第 1 次的基础上增大或减小，第 3 次所加的砝码的权值要根据第 2 次做出的判断结果而定的，如此进行下去，每次所加砝码的权值大小都要在前 1 次的基础上完成，直到接近平衡为止，这个过程就称为逐次比较称重过程。"逐次"含义可理解为一次次由粗到细进行的，而"比较"则是把上一次称重的结果作为参考，比较得到下一次输出权值的大小，如此反复进行下去，所加权值逐步逼近物体真实重量。

基于上述分析，就可以研究并说明逐次比较型编码方法编出 8 位码的过程了。图 4-12 为逐次比较编码器原理图。从图中可以看到，它由整流电路、极性判决电路、保持电路、比较器及本地译码电路等组成。

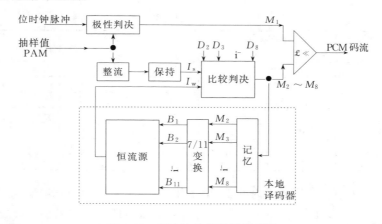

图 4-12　逐次比较编码器原理图

极性判决电路用来确定信号的极性。由于输入 PAM 信号是双极性信号，当其抽样值为正时，在位脉冲到来时刻输出"1"码；当样值为负时，输出"0"码，同时将该双极性信号经过全波整流变为单极性信号。

比较器是编码器的核心，它的作用是通过比较样值电流 I_s 和标准电流 I_w，从而对输入信号抽样值实现非线性量化和编码。每比较一次，输出 1 位二进制代码，并且当 $I_s > I_w$ 时，输出"1"码，反之输出"0"码。由于在 13 折线法中用 7 位二进制代码来代表段落和段内码，所以对一个输入信号的抽样值需要进行 7 次比较。每次所需的用于比较的标准电流 I_w 均由本地译码电路提供。

本地译码电路包含记忆电路、7-11 变换电路和恒流源。记忆电路用来寄存二进制代码，因为除第一次比较外，其余各次比较都要依据前几次比较的结果来确定标准电流 I_w 的值。因此 7 位码中前 6 位的状态均应由记忆电路寄存下来。

7-11 变换电路就是前面非均匀量化中提到的数字压缩器。因为采用非均匀量化的 7 位非线性编码等效于 11 位线性码，而比较器只能编 7 位码，反馈到本地译码电路的全部码也只有 7 位。而恒流源有 11 个基本权值电流支路，需要 11 个控制脉冲来控制，所以必须经过变换，把 7 位码变成 11 位码，其实质就是完成非线性和线性之间的变换，其转换关系如表 4-6 所示。

表 4-6　A 律 13 折线非线性码与线性码间的关系

段落号	非线性码							线性码											
	起始电平	段落码 $C_2C_3C_4$	段内码对应权值(Δ)				B_1	B_2	B_3	B_4	B_5	B_6	B_7	B_8	B_9	B_{10}	B_{11}	B_{12}
			C_5	C_6	C_7	C_8	1024	512	256	128	64	32	16	8	4	2	1	1/2
8	1024	111	512	256	128	64	1	C_5	C_6	C_7	C_8	1*	0	0	0	0	0	0
7	512	110	256	128	64	32	0	1	C_5	C_6	C_7	C_8	1*	0	0	0	0	0
6	256	101	128	64	32	16	0	0	1	C_5	C_6	C_7	C_8	1*	0	0	0	0
5	128	100	64	32	16	8	0	0	0	1	C_5	C_6	C_7	C_8	1*	0	0	0
4	64	011	32	16	8	4	0	0	0	0	1	C_5	C_6	C_7	C_8	1*	0	0
3	32	010	16	8	4	2	0	0	0	0	0	1	C_5	C_6	C_7	C_8	1*	0
2	16	001	8	4	2	1	0	0	0	0	0	0	1	C_5	C_6	C_7	C_8	1*
1	0	000	8	4	2	1	0	0	0	0	0	0	0	C_5	C_6	C_7	C_8	1*

表中 1* 项为收端解码时的补差项，在发端编码时，该项均为零。

恒流源用来产生各种标准电流值。为了获得各种标准电流 I_w，在恒流源中有数个基本权值电流支路。基本的权值电流支路的个数与量化级数有关，在 13 折线编码过程中，它要求 11 个基本的权值电流支路，每个支路均有一个控制开关。每次该哪几个开关接通组成比较用的标准电流 I_w，由前面的比较结果经变换后得到的控制信号来控制。

保持电路的作用是保持输入信号的抽样值在整个比较过程中具有确定不变的幅度。由于逐次比较型编码器编 7 位码（极性码除外）需进行 7 次比较，因此，在整个比较过程中都应保持输入信号的幅度不变，故需要采用保持电路。下面通过一个例子来说明 13 折线编码过程。

【例 4-1】　设输入信号的抽样值为 $I_s = +1270\Delta$（Δ 为一个量化单位，表示输入信号归一化值的 1/2048），试根据逐次比较型编码器原理，将它按照 A 律 13 折线特性编成 8 位码。

解：编码过程如下：

（1）确定极性码 C_1

由于输入信号为正，故极性码 $C_1 = 0$。

（2）确定段落码 $C_2C_3C_4$。参看表 4-6 可知，由于段落码中的 C_2 是用来表示输入信号的抽样值处于 8 个段落的前 4 个段还是后 4 段的，故输入比较器的标准电流应选择为 $I_w = 128\Delta$。因输入信号抽样值 $I_s = 1270\Delta$，$I_s > I_w$，所以 $C_2 = 1$。它表示输入信号的抽样值处于

8 个段落中的后 4 段（5～8 段）。

C_3 用来进一步确定输入信号的抽样值是属于 5～6 段还是 7～8 段。因此标准电流应选择为 $I_w = 512\Delta$，第 2 次比较结果为 $I_s > I_w$，故 $C_3 = 1$。它表示输入信号的抽样值位于 7～8 段。

由以上 3 次比较得段落码为"111"，因此，输入信号的抽样值 $I_s = 1270\Delta$ 属于第 8 段落。

（3）确定段内码 $C_5 C_6 C_7 C_8$

由编码原理可知，段内码是在已经确定输入信号所处段落的基础上，用来表示输入信号处于该段落的哪一量化级的。$C_5 C_6 C_7 C_8$ 的取值与量化级之间的关系见表 4-6。上一步已确定输入信号处于第 8 段，该段落中 16 个量化级之间的间隔均为 64Δ，故确定 C_5 的标准电流应选择为：

I_w ＝段落起始电平＋8×量化间隔＝$1024\Delta + 8 \times 64\Delta = 1536\Delta$

因 $I_s < I_w$，故 $C_5 = 0$。它说明输入信号的抽样值处于第 8 段的 0～7 量化级。

同理确定 C_6 的标准电流应选择为：

I_w ＝段落起始电平＋4×量化间隔＝$1024\Delta + 4 \times 64\Delta = 1280\Delta$

因 $I_s < I_w$，故 $C_6 = 0$。它说明输入信号的抽样值处于第 8 段的 0～3 量化级。

确定 C_7 的标准电流应选择为：

I_w ＝段落起始电平＋2×量化间隔＝$1024\Delta + 2 \times 64\Delta = 1152\Delta$

因 $I_s > I_w$，故 $C_7 = 1$。它说明输入信号的抽样值处于第 8 段的 2～3 量化级。

最后，确定 C_8 的标准电流应选择为

I_w ＝段落起始电平＋3×量化间隔＝$1024\Delta + 3 \times 64\Delta = 1216\Delta$

因 $I_s > I_w$，故 $C_8 = 1$。它说明输入信号的抽样值处于第 8 段的第 3 量化级。

经上述 7 次比较，编出相应的 8 位码为 11110011。它表示输入信号的抽样值位于第 8 段的第 3 量化级，其量化电平为 1216Δ，故量化误差为 $1270\Delta - 1216\Delta = 54\Delta$。

结合表 4-6 对非线性和线性之间变换的描述，除极性码外的 7 位非线性码组 1110011，相对应的线性码组为 10011000000。

4.5.4 译码原理

译码的作用是把接收端收到的 PCM 信号还原成相应的 PAM 信号，即实现数模变换（D/A）。A 律 13 折线译码器原理框图如图 4-13 所示，与图 4-12 中的本地译码器基本相同，所不同的是增加了极性控制部分和带有带有寄存读出的 7-12 变换电路。

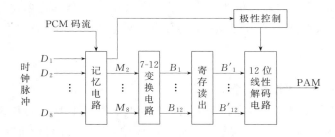

图 4-13 A 律 13 折线译码器原理图

极性控制部分的作用是根据收到的极性码C_1是"1"还是"0"来辨别 PCM 信号的极性，使译码后的 PAM 信号的极性恢复成与发送端相同的极性。

串/并变换记忆电路的作用是将输入的串行 PCM 码变为并行码，并记忆下来，与编码器中译码电路的记忆功能基本相同。

7-12 变换电路是将 7 位非线性码转变为 12 位线性码。在编码器的本地译码电路中采用 7-11 位码变换，使得量化误差有可能大于本段落量化间隔的一半，如例 4.1 中，量化误差为 54Δ，大于 32Δ。为使量化误差均小于段落内量化间隔的一半，译码器的 7-12 变换电路使输出的线性码增加一位码，人为地补上段落内量化间隔的一半，从而改善量化信噪比。如例 4.1 中 7 位非线性码变为 12 位线性码 100111000000，PAM 输出应为 $1216\Delta + 32\Delta = 1248\Delta$，此时量化误差为 $1270\Delta - 1248\Delta = 22\Delta$。

12 位线性解码电路主要是由恒流源和电阻网络组成，与编码器中解码网络类似。它是在寄存读出电路的控制下，输出相应的 PAM 信号。

4.5.5　PCM 性能

PCM 的性能主要涉及 PCM 信号的码元速率和带宽。

1）码元速率

由于 PCM 要用 k 位代码表示一个抽样值，即一个抽样周期 T_s 内要编 k 位代码，因此每个码元宽度为 T_s/k，码元位数越多，码元宽度越小，占用带宽越大。因此传输 PCM 信号所需要的带宽要比模拟基带信号 $x(t)$ 的带宽大得多。

设 $x(t)$ 为低通信号，最高频率为 f_H，抽样速率 $f_s \geqslant 2f_H$，如果量化电平数为 Q，采用 M 进制代码，每个量化电平需要的代码数为 k，因此码元速率为 kf_s。

2）传输 PCM 信号所需的最小带宽

假设抽样速率为 $f_s = 2f_H$，因此最小码元传输速率为 $f_b = 2kf_H$，此时所具有的带宽有两种

$$B_{PCM} = \frac{f_b}{2} = \frac{kf_s}{2}\text{（理想低通传输系统）} \tag{4.5-1}$$

$$B_{PCM} = f_b = kf_s\text{（升余弦传输系统）} \tag{4.5-2}$$

对于电话传输系统，其传输模拟信号的带宽为 4kHz，因此，抽样频率 $f_s = 8$kHz，假设按 A 律 13 折线编成 8 位码，采用升余弦系统传输特性，那么传输带宽为

$$B_{PCM} = f_b = kf_s = 8 \times 8000\text{Hz} = 64\text{kHz}$$

4.6　增量调制

增量调制简称 ΔM，它是继 PCM 后出现的又一种语音信号的编码方法。与 PCM 相比，ΔM 的编解码器简单，抗误码性能好，在比特率较低时有较高的信噪比。增量调制在军事和工业部门的专用通信网和卫星通信中都得到广泛应用。

增量调制获得广泛应用的主要原因有以下几点：

① 在比特率较低时，增量调制的量化信噪比高于 PCM 的量化信噪比；

② 增量调制的抗误码性能好，能工作于误码率为 $10^{-3} \sim 10^{-2}$ 的信道中，而 PCM 要求误比特率通常为 $10^{-6} \sim 10^{-4}$；

③ 增量调制的编译码器比 PCM 简单。

增量调制的主要特点是它所产生的二进制代码表示模拟信号前后两个抽样值的差别（增加还是减少）而不是代表抽样值本身的大小，因此把它称为增量调制。在增量调制系统的发端调制后输出的二进制代码"1"或"0"只表示信号这一个抽样时刻相对于前一个抽样时刻的样值是增加还是减少（1 码表示增加，0 码表示减少）。收端译码器每收到一个 1 码，译码器的输出相对于前一时刻的值上升一个量化阶；而每收到一个 0 码，则译码器的输出相对于前一个时刻的值下降一个量化阶。

4.6.1　简单增量调制

由于 1 位二进制代码只能代表两种状态，就不可能表示模拟信号抽样值的大小。但是，一位码却可以表示相邻抽样值的相对大小，而相邻抽样值的相对变化同样能反映出模拟信号的变化规律。因此采用一位二进制码去描述模拟信号是完全可能的。

1）编码的基本思想

假设一个模拟信号 $x(t)$，可以用时间间隔为 Δt、幅度差为 $\pm\sigma$ 的阶梯波形 $x'(t)$ 去逼近它，如图 4-14 所示。只要 Δt 足够小，即抽样频率 $f_s = 1/\Delta t$ 足够高，且 σ 足够小，则 $x'(t)$ 可近似于 $x(t)$。将 σ 称为量化阶，$\Delta t = T_s$ 称为抽样间隔。

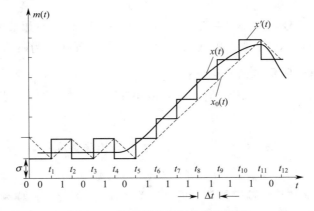

图 4-14　简单增量调制的编码过程

$x'(t)$ 近似 $x(t)$ 的过程如下。

在 t_i 时刻用 $x(t_i)$ 与 $x'(t_{i-})$（t_{i-} 表示 t_i 时刻前瞬间）比较，若 $x(t_i) > x'(t_{i-})$，就让 $x(t_i)$ 上升一个量化阶，同时 ΔM 调制器输出二进制数"1"；反之就让 $x(t_i)$ 下降一个量化阶，同时 ΔM 调制器输出二进制数"0"。根据这样的编码思路，结合图 4-14 的波形，就可以得到一个二进制代码序列 010101111110…。除了用阶梯波形去近似外，还可以使用锯齿波 $x_0(t)$ 去近似 $x(t)$。而锯齿波 $x_0(t)$ 也只有斜率为正（$\sigma/\Delta t$）和斜率为负（$-\sigma/\Delta t$）两种情况，因此可以用 1 码表示正斜率和 0 码表示负斜率，以获得二进制代码序列。

2）译码的基本思想

译码有两种情况：一种是收到"1"码上升一个量化阶，收到"0"码下降一个量化阶，这样就可以把二进制代码经过译码变成 $x'(t)$ 这样的阶梯波；另一种的编码思路是收到 "1" 码后产生一个正斜变电压，在 Δt 时间内上升一个量化阶，收到 "0" 码后产生一个负斜变电压，在 Δt 时间内下降一个量化阶，这样二进制码经过译码后变成了如 $x_0(t)$ 这样的锯齿波。考虑电路的简易程度，一般都采用后一种方法，这一种方法可以用一个简单的 RC 积分电路实现，如图 4-15 所示。

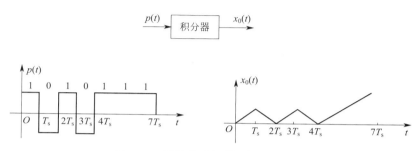

图 4-15　简单增量调制的译码原理图

3）简单增量调制系统框图

根据简单增量调制编码、译码原理，可组成简单 ΔM 系统方框图如图 4-16 所示。发送端编码器是由相减器、判决器、积分器及脉冲发生器组成的一个闭环反馈电路。判决器是用来比较 $x(t)$ 与 $x_0(t)$ 大小，在定时抽样时刻如果 $x(t) - x_0(t) > 0$，输出 "1"；$x(t) - x_0(t) < 0$，输出 "0"，$x_0(t)$ 由本地译码器产生。

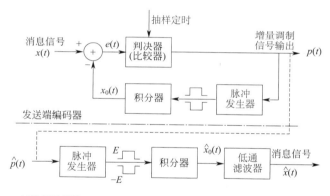

图 4-16　简单增量调制系统框图

接收端收到增量调制信号 $\hat{p}(t)$ 以后，经过脉冲发生器将二进制序列变换成全占空的双极性码，然后加到译码器得到这个 $\hat{x}_0(t)$ 锯齿波，再经过低通滤波器即可得输出电压 $\hat{x}(t)$。

4.6.2　增量调制的过载特性

由上述增量调制原理可知，译码器恢复的信号是阶梯形电压经过低通滤波平滑后的解调电压。它与编码器输入模拟信号的波形近似，但是存在失真。将这种失真称为量化噪声。这种量化噪声产生的原因有两个。第一个原因是由于编码、译码时用阶梯波形去近似表示模拟信号波形，由阶梯本身的电压突跳产生失真，见图 4-17(a)。这是增量调制的基本量化噪声，又称一般量化噪声。它伴随着信号永远存在，即只要有信号，就有这种噪声。第二个原因是信号变化过快引起失真；这种失真称为过载量化噪声，见图 4-17(b)。它发生在输入信号斜率的绝对值过大时。由于当抽样频率和量化台阶一定时，阶梯波的最大可能斜率是一定的。若信号上升的斜率超过阶梯波的最大可能斜率，则阶梯波的上升速度赶不上信号的上升速度，就发生了过载量化噪声。图 4-17 示出的这两种量化噪声是经过输出低通滤波器前的波形。

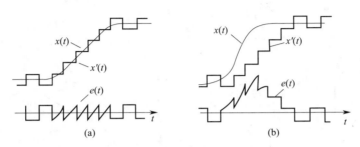

图 4-17　量化噪声

设抽样周期为 T_s，抽样频率为 $f_s = 1/T_s$，量化台阶为 σ，则一个阶梯台阶的斜率 k 为

$$k = \sigma/T_s = \sigma f_s (\text{V/s}) \tag{4.6-1}$$

它也就是阶梯波的最大可能斜率，或称为译码器的最大跟踪斜率。当增量调制器的输入信号斜率超过这个最大值时，将发生过载量化噪声。所以，为了避免发生过载量化噪声，必须使 σ 和 f_s 的乘积足够大，使信号的斜率不会超过这个值。另一方面，σ 值直接和基本量化噪声的大小有关，若取 σ 值太大，势必增大基本量化噪声。所以，用增大 f_s 的办法增大乘积 σf_s，才能保证基本量化噪声和过载量化噪声两者都不超过要求。实际中增量调制采用的抽样频率 f_s 值比 PCM 的抽样频率值大很多；对于话音信号而言，增量调制采用的抽样频率在几十千赫到百余千赫。

4.7 时分复用（TDM）

在数字通信中，PCM、ΔM 或者其他模拟信号的数字化，一般都采用时分复用方式来提高信道的传输效率。所谓复用是多路信号（语音、数据或图像信号）利用同一个信道进行独立的传输。如利用同一根同轴电缆传输 1920 路电话，且各路电话之间的传送是相互独立的，互不干扰。

时分复用（TDM）的主要特点是利用不同时隙来传送各路不同信号，如图 4-18 所示。图中每一路信号时间上互不重叠，其占用时间间隔宽度没有具体限制。显然，每一路信号占用时间间隔宽度越小，则能传输的路数也就越多。TDM 与 FDM（频分复用）原理的差别在于：TDM 在时域上是各路信号分割开来的；但在频域上是各路信号混叠在一起的。FDM 在频域上是各路信号分割开来的；但在时域上是混叠在一起的。

TDM 的方法有以下两个突出的优点。

（1）多路信号的汇合与分路都是数字电路，比 FDM 的模拟滤波器分路简单、可靠。

（2）信道的非线性会在 FDM 系统中产生交调失真与高次谐波，引起串话，因此，对信道的非线性失真要求很高；而 TDM 系统的非线性失真要求可降低。

　　然而，TDM 对信道中时钟相位抖动及接收端与发送端的时钟同步问题则提出了较高要求。所谓同步是指接收端能正确地从数据流中识别各路序号。为此。必须在每帧内加上标志信号（称为帧同步信号）。它可以是一组特定的码组，也可以是特定宽度的脉冲。在实际通信系统中还必须传送信令以建立通信连接，如传送电话通信中的占线、摘机与挂机信号以及振铃信号等信令。上述所有信号都是时间分割，按某种固定方式排列起来，称为帧结构。

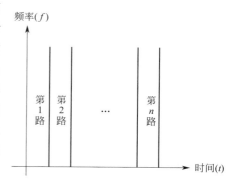

图 4-18　TDM 原理

　　采用 TDM 制的数字通信系统，在国际上已逐步建立起标准。原则上是先把一定路数电话语音复合成一个标准数据流（称为基群），然后再把基群数据流采用同步或准同步数字复接技术，汇合成更高速的数据信号。

　　随着光纤通信的发展，四次群速率已不能满足大容量高速传输的要求。美国首先提出同步光纤网的建议，经 CCITT 几次讨论、修改，现已形成正式建议。确定四次群以上采用同步数字系列（SDH），以适应未来全球宽带综合业务数字网的传输要求。CCITT 蓝皮书 G.707 建议规定 SDH 的第一级比特率为 155.52Mb/s，记作 STM-1。四个 STM-1 按字节同步复接得到 STM-4，比特率为 622.08Mb/s。四个 STM-4 同步复接得到 STM-16，比特率为 2488.32Mb/s。

　　目前四次群以下已存在两套准同步数字复接系列，分别用于北美、日本和欧洲、中国。而 SDH 则是全球统一的同步数字复接系列。为了使现有的准同步数字复接系列与 SDH 系列衔接，CCITT 蓝皮书 G.707-G.709 对此规定了复接结构。虽然 SDH 的复接过程比较复杂，但从时分多路复用原理来看，仍不外乎同步复接和准同步复接两种，有关 SDH 的复接结构，可阅读 CCITT 蓝皮书 G.707-G.709 和参考资料。

本章小结

　　脉冲编码调制 PCM，包括抽样、量化和编码三个过程。抽样实现了模拟信号的时间离散，量化实现了信号的幅度离散，编码实现了数字信号的二进制序列表示。

　　设时间连续信号 $m(t)$，其最高截止频率为 f_m。如果用时间间隔为 $T_s \leqslant 1/2f_m$ 的开关信号对 $m(t)$ 进行抽样，则 $m(t)$ 就可以被样值信号 $m_s(t)$ 来唯一地表示。或者说，要从样值序列无失真地恢复原时间连续信号，其抽样频率应选为 $f_s \geqslant 2f_m$。这就是著名的奈奎斯特抽样定理，简称抽样定理。无失真所需最小抽样速率 $f_s = 2f_m$ 为奈奎斯特速率，对应的最大抽样间隔 T_s 称为奈奎斯间隔。

　　非均匀量化是根据信号的不同区间来确定量化间隔的，量化间隔随信号抽样值的不同而变化。信号抽样值小时，量化间隔 Δ 也小；信号抽样值大时，量化间隔 Δ 也大。

　　目前，主要有两种对数形式的压缩特性：A 律和 μ 律，A 律编码主要用于 30/32 路一次群系统，μ 律编码主要用于 24 路一次群系统。我国和欧洲采用 A 律编码，北美和日本采用 μ 律编码。

 习 题

4-1　PAM 和 PCM 有什么区别?

4-2　已抽样信号的频谱混叠是什么原因引起的? 若要求从已抽样信号 $m_s(t)$ 中正确地恢复出原信号 $m(t)$, 抽样频率 f_s 和信号最高频率 f_m 之间应满足什么关系?

4-3　什么叫做量化和量化噪声? 为什么要进行量化?

4-4　什么是均匀量化? 它的主要缺点是什么?

4-5　什么是非均匀量化? 在非均匀量化时, 为什么要进行压缩和扩张?

4-6　什么叫 13 折线法? 它是怎样实现非均匀量化的?

4-7　什么是脉冲编码调制? 在脉冲编码调制中, 选用折叠二进制码为什么比选用自然二进制码好?

4-8　什么是增量调制? 它与脉冲编码调制有何异同?

4-9　一个信号 $x(t)=2\cos400\pi t+6\cos40\pi t$, 用 $f_s=500\text{Hz}$ 的抽样频率对它进行理想抽样, 若已抽样后的信号经过一个截止频率为 400Hz 的理想低通滤波器, 则输出端有哪些频率成分?

4-10　对于基带信号 $x(t)=\cos2\pi t+2\cos4\pi t$ 进行理想抽样。

(1) 为了在接收端能不失真地从已抽样信号 $x_q(t)$ 中恢复出 $x(t)$, 抽样间隔应如何选取?

(2) 若抽样间隔取为 0.2s, 试画出已抽样信号的频谱图。

4-11　已知信号 $x(t)=10\cos(20\pi t)\cos(200\pi t)$, 以 250 次/s 的速率抽样。

(1) 试画出抽样信号频谱;

(2) 由理想低通滤波器从抽样信号中恢复 $x(t)$, 试确定低通滤波器的截止频率;

(3) 对 $x(t)$ 进行抽样的奈奎斯特速率是多少?

4-12　设信号 $x(t)=9+A\cos\omega t$, 其中 A≤10V。$x(t)$ 被均匀量化, 量化电平数为 40, 试确定所需的二进制码组的位数 k 和量化间隔 Δv。

4-13　已知信号的 $x(t)$ 的振幅均匀分布在 $-2V$ 到 2V 范围内, 频带限制在 4kHz 以内, 以奈奎斯特速率进行抽样。这些抽样值量化后编为二进制代码, 若量化电平间隔为 1/32V, 求: (1) 传输带宽; (2) 量化信噪比。

4-14　已知信号 $x(t)$ 的最高频率 $f_m=2.5\text{kHz}$, 振幅均匀分布在 $-4V$ 到 4V 范围以内, 量化电平间隔为 1/32V。进行均匀量化, 采用二进制编码后在信道中传输。假设系统的平均误码率为 $P_e=10^{-3}$, 求传输 10s 以后错码的数目。

4-15　设信号频率范围 0~4kHz, 幅值在 -4.096~$+4.096$V 之间均匀分布。若采用均匀量化编码, 以 PCM 方式传送, 量化间隔为 2mV, 用最小抽样速率进行抽样, 求传送该 PCM 信号实际需要最小带宽和量化信噪比。

4-16　采用 13 折线 A 律编码, 设最小的量化级为 1 个单位, 已知抽样脉冲值为 $+635$ 单位, 信号频率范围 0~4kHz。

(1) 试求这时最小量化间隔等于多少?

(2) 假设某时刻信号幅值为 1V, 求这时编码器输出码组, 并计算量化误差。

第5章

数字基带传输

【内容提要】本章主要介绍数字基带传输系统的基本原理、方法及传输性能。首先着重介绍了数字基带信号的码型，然后讨论了基带传输系统的脉冲传输及与码间串扰现象及消除，最后介绍了眼图的概念。

5.1 数字基带信号的码型

数字通信系统的任务是传输数字信息，数字信息可能来自数据终端设备的原始数据信号，也可能来自模拟信号经数字化处理后的脉冲编码信号。数字信息在一般情况下可以表示为一个数字序列：

$$\cdots,\ a_{-2},\ a_{-1},\ a_0,\ a_1,\ a_2,\ \cdots,\ a_n,\ \cdots$$

简记为$\{a_n\}$。a_n是数字序列的基本单元，称为码元。每个码元只能取离散的有限个数值，例如在二进制中，a_n取 0 和 1 两个数值；在 M 进制中，a_n取 0，1，2，$\cdots$，$M-1$共计 M个数值或者取二进制码的M种排列。

由于码元只有有限个可能取值，所以通常用不同幅度的脉冲表示码元的不同取值，例如用幅度为 A 的矩形脉冲表示 1，用幅度为$-A$的矩形脉冲表示 0。这种脉冲信号被称为数字基带信号，它们的频谱通常是位于直流或者低频端，并且带宽有限。在某些有线信道中，特别是在传输距离不太远的情况下，数字基带信号可以直接传输，这种传输方式称为数字信号的基带传输。但大多数实际信道都是带通型的，所以必须将数字基带信号经过载波调制，把频谱搬移到高频处在带通型信道（如各种无线信道和光信道）中传输，这种传输方式称为数字信号的频带传输。虽然在多数情况下必须使用数字频带传输系统，但是对数字基带传输系统的研究仍是十分必要的。这不仅因为基带传输本身是一种重要的传输方式，还因为调制传输与之有着紧密的联系。如果把调制和解调过程看成广义信道的一部分，则任何数字传输均可等效为基带传输系统，因此掌握数字信号的基带传输原理是十分重要的。

5.1.1 数字基带信号的码型设计原则

数字基带信号是数字信息的电脉冲表示，通常把数字信息的电脉冲的表示形式称为码型，把数字信息的电脉冲表示过程称为码型变换，在有线信道中传输的数字基带信号又称为线路传输码型。由码型还原为数字信息称为码型译码。

不同形式的码型具有不同的频域特性，合理地设计选择数字基带信号码型，使数字信息变换为适合于给定信道传输特性的频谱结构，是基带传输首先要考虑的问题。对于码型的选择，通常要考虑以下的因素。

（1）对直流或低频受限信道，线路传输码型的频谱中应不含有直流分量。

（2）信号的抗噪声能力强。产生误码时，在译码中产生的误码扩散或误码增值越小越好。

（3）便于从信号中提取位定时信息。

（4）尽量减少基带信号频谱中的高频分量，以节省传输频带并减小串扰。

（5）编译码的设备应尽量简单。

数字基带信号的码型种类很多，并不是所有的码型都能满足上述要求，往往是根据实际需要进行选择。本节将介绍一些目前应用广泛的重要码型。

5.1.2　数字基带信号的常用码型

1）二元码

二元码是指幅值只用两种电平表示的码型。常用的几种二元码的波形如图 5-1 所示。

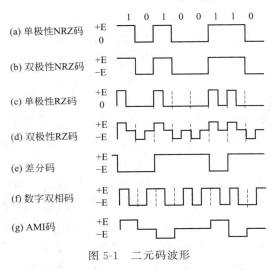

图 5-1　二元码波形

（1）单极性非归零码［图 5-1(a)］。编码规则：“1”用正电平表示；“0”用零电平表示。在整个码元期间电平保持不变，这种码通常记作 NRZ 码。这是一种最简单最常用的码型，很多终端设备输出的都是这种码，因为一般终端设备都有一端是固定的 0 电位，因此输出单极性码最为方便。

（2）双极性非归零码［图 5-1(b)］。编码规则：“1”用正电平表示；“0”用负电平表示。在整个码元期间电平保持不变。双极性码无直流成分，可以在电缆等无接地的传输线上传输，因此得到了较多的应用。

（3）单极性归零码［图 5-1(c)］。编码规则：此码常记作 RZ 码。与单极性非归零码不同，RZ 码发送“1”时高电平在整个码元期间 T 内只持续一段时间 τ，在其余时间则返回到零电平，发送“0”时用零电平表示。τ/T 称为占空比，通常使用半占空比，即 $\tau/T = \dfrac{1}{2}$。单极性归零码可以直接提取位定时信号，是其他码型提取位定时信号时需要采用的一种过渡码型。

（4）双极性归零码［图 5-1(d)］。编码规则：“1”用正极性的归零码表示；“0”用负极性的归零码表示。这种码兼有双极性和归零的特点。虽然它的幅度取值存在三种电平，但是它用脉冲的正负极性表示两种信息，因此通常仍归入二元码。

以上四种码型是最简单的二元码，它们的功率谱中有丰富的低频乃至直流分量，因此它们不能适应有交流耦合的传输信道。另外，当信息中出现长“1”串或长“0”串时，非归零码呈现连续的固定电平，无电平跃变，也就没有定时信息。单极性归零码在出现连续“0”

时也存在同样的问题。这些码型还存在的另一个问题是，信息"1"与"0"分别独立地对应于某个传输电平，相邻信号之间取值独立，不存在任何制约，因此基带信号不具有检测错误的能力。由于以上这些原因，这些码型通常只用于机内和近距离的传输。

矩形波的功率谱由连续谱和离散谱组成，归一化的连续谱如图 5-2 所示，其分布似花瓣状，在功率谱的第一个过零点之内的花瓣最大，称为主瓣，其余的称为旁瓣。主瓣内集中了信号的绝大部分功率，所以主瓣的宽度可以作为信号的近似带宽，通常称为谱零点带宽。

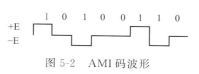

图 5-2 AMI 码波形

(5) 差分码 [图 5-1(e)]。编码规则："1"和"0"分别用电平的跳变或不变来表示。在电报通信中，常把"1"称为传号，把"0"称为空号。若用电平跳变表示"1"，称为传号差分码。若用电平跳变表示"0"，则称为空号差分码。差分码并未解决简单二元码所存在的问题，但是这种码型与"1"和"0"之间不是绝对的对应关系，而是具有相对的关系，因此它可以用来解决相移键控信号解调时的相位模糊的问题（见 6.3.1 小节）。由于差分码中电平只具有相对意义，所以又称为相对码。

(6) 数字双相码 [图 5-1(f)]。数字双相码又称分相码或曼彻斯特码。其编码规则：它用一个周期的方波表示"1"，而用它的反相波表示"0"，并且都是双极性非归零脉冲。例如："1"用 10 两位码表示，"0"用 01 两位码表示。

因为双相码在每个码元间隔的中心都存在电平跳变，所以有丰富的位定时信息，而且不受信源统计特性的影响。在这种码中正、负电平各占一半，因而不存在直流分量。另外，00 和 11 是禁用码组，这样就不会出现 3 个或更多的连码，利用这个特性可用来宏观检错。以上这些优点是用频带加倍来换取的。双相码适用于数据终端设备在短距离上的传输，在本地数据网中采用该码型作为传输码型，最高信息速率可达 10Mbit/s。

2）三元码

三元码指的是用信号幅度的三种取值来表示二进制码，三种幅度的取值为＋A，0，－A，或记作＋1，0，－1。三元码种类很多，被广泛地用作脉冲编码调制的线路传输码型。

(1) 传号交替反转码 [图 5-1(g)]。传号交替反转码常记作 AMI 码。其编码规则：二进制码"0"用 0 电平表示，二进制码"1"交替地用＋1 和-1 的半占空比归零码表示。

AMI 码的功率谱中无直流分量，低频分量较小，将基带信号经全波整流变为单极性归零码时，便可提取位定时信号。利用传号交替反转规则，在接收端如果发现有破坏该规则的脉冲时，说明传输中出现错误。因此编码规则可用作宏观监视之用。AMI 码是目前最常用的传输码型之一。

当信息中出现连"0"码时，由于 AMI 码中长时间不出现电平跳变，因而定时提取遇到困难。在实际使用 AMI 码时，工程上还有相关规定，以弥补 AMI 码在定时提取方面的不足。

(2) 三阶高密度双极性码。三阶高密度双极性码记作 HDB₃ 码，可看作是 AMI 码的一种改进型。使用这种码型的目的是解决原信码中出现连"0"串时所带来的问题。其编码规则如下。

① 先将信息代码变成 AMI 码，然后检查 AMI 的连"0"情况，当无 3 个以上连"0"码时，则这时的 AMI 码就是 HDB₃ 码。

② 当出现 4 个或 4 个以上连 "0" 时，则将每 4 个连续的 "0" 划为一组，称作 1 个连 "0" 小段，将每个连 "0" 小段的第 4 个 "0" 变换为非 "0" 码，用符号 V 表示，其极性与前一非 0 符号极性相同，而原来的二进制码元序列中所有的 "1" 码称为信码。因为 V 的注入破坏了原信码极性交替规律，故称符号 V 为破坏符号。

当信码序列中加入破坏符号以后，信码 1 与破坏符号 V 的正负必须满足的条件是 1 码与 V 码各自都应始终保持极性交替变化的规律，以便确保编好的码中没有直流成分。当两个相邻 V 之间的信码数目为奇数时，则上述条件可以满足；但当两个相邻 V 之间的信码数目为偶数时，上述条件就得不到满足了，此时将后一个 V 所在的连 "0" 小段的第 1 个 "0" 变换为非 "0" 码，用符号 B 表示，称为补信码，其极性始终与前一非 0 符号极性相反，并作调整，使符号 V 与前一非 0 符号极性相同，信码 1 和补信码 B 合起来保持极性交替变化的规律。

例如：

(a) 信息代码：0 1 0 0 0 0 1 1 0 0 0 0 0 1 0 1

(b) AMI 码：0 +1 0 0 0 0 −1 +1 0 0 0 0 0 −1 0 +1

(c) 加 V：0 +1 0 0 0 +V −1 +1 0 0 0 +V 0 −1 0 +1

(d) 加 B：

0 +1 0 0 0 +V −1 +1 −B 0 0 +V 0 −1 0 +1

(e) 调整 V 及 1 极性：

0 +1 0 0 0 +V −1 +1 −B 0 0 −V 0 +1 0 −1

(f) HDB$_3$ 码：

0 +1 0 0 0 +1 −1 +1 −1 0 0 −1 0 +1 0 −1

虽然 HDB$_3$ 码的编码规则比较复杂，但译码却比较简单。上述原理可以看出，每一破坏符号总是与前一非 0 符号同极性。据此，从收到的符号序列中很容易找到破坏点 V，于是断定 V 符号及其前面的 3 个符号必定是连 "0" 符号，从而恢复 4 个连 "0" 码，再将所有的 +1、−1 变成 "1" 后便得到原信息代码。

从 HDB$_3$ 码的规则可知，信码 1 及补信码 B 脉冲和 V 脉冲都符合极性交桥的规则，因此这种码型无直流分量。利用 V 脉冲的特点，可用作线路差错的宏观检测。最重要的是，HDB$_3$ 码解决了 AMI 码连 "0" 串不能提取定时信号的问题。

HDB$_3$ 码是应用最广泛的码型，四次群以下的 A 律 PCM 终端设备的接口码型均为 HDB$_3$ 码。

3）多元码

当数字信息有 M 种符号时，称为 M 元码，相应地要用 M 种电平表示它们。因为 $M>2$，所以 M 元码也称多元码。在多元码中，每个符号可以用来表示一个二进制码组。也就是说，对于 n 位二进制码组来说，可以用 $M=2^n$ 元码来传输。与二元码传输相比，在码元速率相同的情况下，它们的传输带宽是相同的，但是多元码的信息传输速率提高到 $\log_2 M$ 倍。

多元码在频带受限的高速数字传输系统中得到了广泛的应用。例如，在综合业务数字网中，数字用户环的基本传输速率为 114kbit/s，若以电话线为传输媒介，所使用的线路码型为四元码 2B1Q。在 2B1Q 中，2 个二进制码元用 1 个四元码表示。

多元码通常采用格雷码表示，相邻幅度电平所对应的码组之间只相差 1bit，这样就可以减小在接收时因错误判定电平而引起的误比特率。

多元码不仅用于基带传输，而且更广泛地用于多进制数字调制的传输中，以提高频带利用率。

5.1.3　数字基带信号的频谱特性

不同形式的数字基带信号具有不同的频谱结构，分析数字基带信号的频谱特性，以便合理设计数字基带信号，将信息代码变换为适合于给定信道传输特性的结构，是数字基带传输必须考虑的问题。

在实际通信中，除特殊情况（如测试信号）外，数字基带信号通常都是随机脉冲序列。因为，如果数字通信系统中传输的数字序列是确知的，则消息就不携带任何信息，通信也就失去了意义，所以这里要考虑的是一个随机序列的谱分析问题。

考察一个二进制随机脉冲序列。

设脉冲 $g_1(t)$、$g_2(t)$ 分别表示二进制码 "0" 和 "1"，T_b 为码元宽度，在任一码元时间 T_b 内，$g_1(t)$、$g_2(t)$ 出现的概率分别为 P 和 $1-P$，则随机脉冲序列 $x(t)$ 可表示成

$$x(t) = \sum_{n=-\infty}^{\infty} x_n(t) \tag{5.1-1}$$

其中

$$x_n(t) = \begin{cases} g_1(t-nT_b), \text{以概率 } P \text{ 出现} \\ g_2(t-nT_b), \text{以概率 } (1-P) \text{ 出现} \end{cases} \tag{5.1-2}$$

研究式(5.1-1)、式(5.1-2) 所确定的随机脉冲序列的功率谱密度，要用到概率论与随机过程的有关知识。可以证明，随机脉冲序列 $x(t)$ 的双边功率谱 $P_x(f)$ 为

$$P_x(f) = f_b P(1-P) |G_1(f) - G_2(f)|^2 +$$

$$\sum_{m=-\infty}^{\infty} |f_b[PG_1(mf_b) + (1-P)G_2(mf_b)]|^2 \delta(f - mf_b) \tag{5.1-3}$$

式中，$G_1(f)$、$G_2(f)$ 分别为 $g_1(t)$、$g_2(t)$ 的傅里叶变换；$f_b = \dfrac{1}{T_b}$。

从式(5.1-3) 可以得出以下结论。

① 随机脉冲序列功率谱包括两部分：连续谱（第一项）和离散谱（第二项）。对于连续谱而言，由于代表数字信息的 $g_1(t)$ 及 $g_2(t)$ 不能完全相同，故 $G_1(f) \neq G_2(f)$，因此，连续谱总是存在；而对于离散谱而言，则在一些情况下不存在，如 $g_1(t)$ 与 $g_2(t)$ 互为相反，且出现概率相同时。

② 当 $g_1(t)$、$g_2(t)$、P 及 T_b 给定后，随机脉冲序列功率谱就确定了。

式(5.1-3) 的结果是非常有意义的，一方面由它可以看出随机脉冲序列频谱的特点，以及如何去具体地计算它的功率谱密度；另一方面根据它的离散谱是否存在这一特点，可以明确能否从脉冲序列中直接提取离散分量，以及采取怎样的方法可以从基带脉冲序列中获得所需的离散分量，这一点在研究位同步、载波同步等问题时将是十分重要；再一方面，根据其连续谱可以确定序列的带宽（通常以谱的第一零点作为序列的带宽）。

下面以矩形脉冲构成的基带信号为例，通过几个有代表性的特例对式(5.1-3) 的应用及意义做进一步说明，其结果对后续问题的研究具有实用价值。

【例 5-1】　求单极性 NRZ 信号的功率谱，假定 $P=1/2$。

解：对于单极性 NRZ 信号，有

$$g_1(t) = 0、g_2(t) = g(t)$$

这里，$g(t)$ 为图 5-3 所示的高度为 1、宽度为 T_b 的全占空矩形脉冲。则

$$G_1(f) = 0$$

$$G_2(f) = G(f) = T_b Sa(\omega T_b/2) = T_b Sa(\pi f T_b)$$

$$G_2(mf_b) = T_b Sa(\pi m f_b T_b) = T_b Sa(\pi m) = \begin{cases} T_b, & m=0 \\ 0, & m \neq 0 \end{cases}$$

代入式(5.1-3) 并考虑到 $P = 1/2$，得单极性 NRZ 信号的功率谱密度为

$$P_x(f) = \frac{1}{4} T_b Sa^2(\pi f T_b) + \frac{1}{4}\delta(f) \tag{5.1-4}$$

单极性 NRZ 信号的功率谱如图 5-4 所示。可以看出：

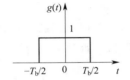

图 5-3　全占空矩形脉冲

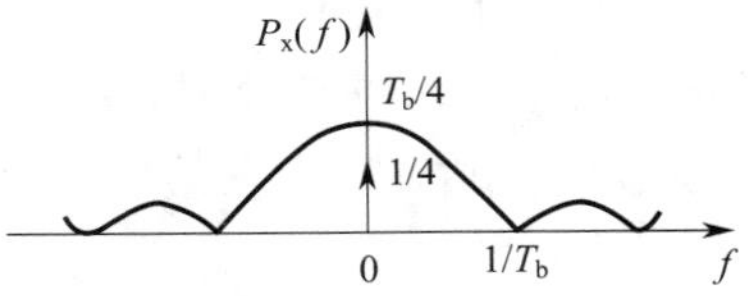

图 5-4　单极性 NRZ 信号功率谱

① 单极性 NRZ 信号的功率谱只有连续谱和直流分量。

② 由离散谱仅含直流分量可知，单极性 NRZ 信号的功率谱不含可提取同步信息的 f_b 分量。

③ 由连续分量可方便求出单极性 NRZ 信号的功率谱的带宽近似为（Sa 函数第一零点）

$$B = \frac{1}{T_b} \tag{5.1-5}$$

④ $P \neq 1/2$ 时，上述结论依然成立。

【例 5-2】 求双极性 NRZ 信号的功率谱，假定 $P = 1/2$。

解：对于双极性 NRZ 信号，有

$$g_1(t) = -g_2(t) = g(t)$$

这里，$g(t)$ 也为图 5-3 所示的高度为 1、宽度为 T_b 的全占空矩形脉冲。则

$$G_1(f) = -G_2(f) = G(f) = T_b Sa(\omega T_b/2) = T_b Sa(\pi f T_b)$$

代入式(5.1-3) 并考虑到 $P = 1/2$，得双极性 NRZ 信号的功率谱密度为

$$P_x(f) = T_b Sa^2(\pi f T_b) \tag{5.1-6}$$

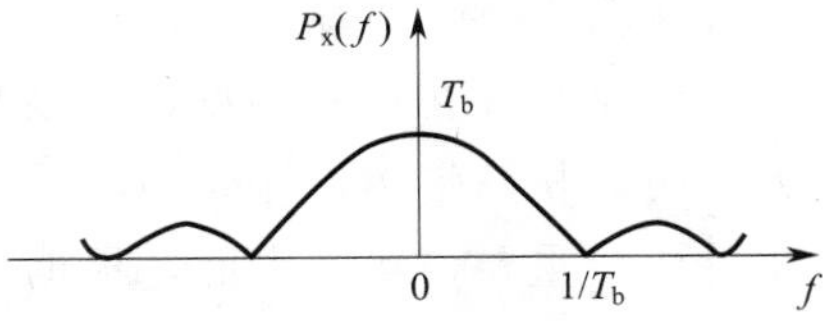

图 5-5　双极性 NRZ 信号功率谱

双极性 NRZ 信号的功率谱如图 5-5 所示。可以看出：

① 双极性 NRZ 信号的功率谱只有连续谱，不含任何离散分量。当然，也不含可提取同步信息的 f_b 分量。

② 双极性 NRZ 信号的功率谱的带宽与单极性 NRZ 信号相同，为

$$B = \frac{1}{T_b} \tag{5.1-7}$$

③ $P \neq 1/2$ 时，双极性 NRZ 信号的功率谱将含有直流分量，其特点与单极性 NRZ 信号的功率谱相似。

【例 5-3】 求单极性 RZ 信号的功率谱，假定 $P=1/2$。

解： 对于单极性 RZ 信号，有

$$g_1(t)=0 \text{、} g_2(t)=g(t)$$

这里，$g(t)$ 为图 5-6 所示的高度为 1、宽度为 τ 的矩形脉冲（占空比 $\gamma=\tau/T_b \leqslant 1$）。则

$$G_1(f)=0$$

$$G_2(f)=G(f)=\tau Sa(\omega\tau/2)=\tau Sa(\pi f\tau)$$

$$G_2(mf_b)=\tau Sa(\pi mf_b\tau)$$

代入式（5.1-3）并考虑到 $P=1/2$，得单极性 RZ 信号的功率谱密度为

$$P_x(f)=\frac{1}{4}f_b|G(f)|^2+\frac{1}{4}\sum_{m=-\infty}^{\infty}|f_bG(mf_b)|^2\delta(f-mf_b)$$

$$=\frac{1}{4}f_b\tau^2 Sa^2(\pi f\tau)+\frac{1}{4}f_b^2\tau^2\sum_{m=-\infty}^{\infty}Sa^2(\pi mf_b\tau)\delta(f-mf_b)$$

$$(5.1\text{-}8)$$

单极性 RZ 信号的功率谱如图 5-7 所示。可以看出：

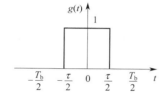

图 5-6　占空比为 τ/T_b 的矩形脉冲

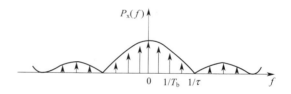

图 5-7　单极性 RZ 信号的功率谱

① 单极性 RZ 信号的功率谱不但有连续谱，而且在 $f=0$、$\pm f_b$、$\pm 2f_b$、$\cdots$ 处还存在离散谱。

② 由离散谱可知，单极性 RZ 信号的功率谱含可用于提取同步信息的 f_b 分量。

③ 由连续谱可求出单极性 RZ 信号的功率谱的带宽近似为

$$B=\frac{1}{\tau}$$

$$(5.1\text{-}9)$$

较之单极性 NRZ 信号变宽。

④ $P \neq 1/2$ 时，上述结论依然成立。

【例 5-4】 求双极性 RZ 信号的功率谱，假定 $P=1/2$。

解： 对于双极性 RZ 信号，有

$$g_1(t)=-g_2(t)=g(t)$$

这里，$g(t)$ 也为图 5-6 所示的高度为 1、宽度为 τ 的矩形脉冲（占空比 $\gamma=\tau/T_b \leqslant 1$）。则

$$G_1(f)=-G_2(f)=G(f)=\tau Sa(\omega\tau/2)=\tau Sa(\pi f\tau)$$

代入式（5.1-3）并考虑到 $P=1/2$，得双极性 RZ 信号的功率谱密度为

$$P_x(f)=f_b\tau^2 Sa^2(\pi f\tau)$$

$$(5.1\text{-}10)$$

双极性 RZ 信号的功率谱如图 5-8 所示。可以看出：

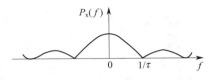

图 5-8　双极性 RZ 信号的功率谱

① 双极性 RZ 信号的功率谱只有连续谱，不含任何离散分量。当然，也不含可提取同步信息的 f_b 分量。

② 双极性 RZ 信号的功率谱的带宽与单极性 RZ 信号相同，为

$$B = \frac{1}{\tau} \tag{5.1-11}$$

③ $P \neq 1/2$ 时，双极性 RZ 信号的功率谱将含有离散分量，其特点与单极性 RZ 信号的功率谱相似。

通过上述讨论可知，分析随机脉冲序列的功率谱之后，就可知道信号功率的分布，根据主要功率集中在哪个频段，便可确定信号带宽，从而考虑信道带宽和传输网络（滤波器、均衡器等）的传输函数，等等。同时利用它的离散谱是否存在这一特点，可以明确能否从脉冲序列中直接提取所需的离散分量和采用怎样的方法可以从序列中获得所需的离散分量，以便在接收端用这些成分做位同步定时等。

5.2　基带传输系统的脉冲传输与码间串扰

5.2.1　数字基带传输系统的工作原理

数字基带传输系统的基本组成框图如图 5-9 所示，它由脉冲形成器、发送滤波器、信道、接受滤波器、抽样判决器与码元再生器组成。

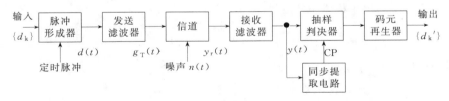

图 5-9　数字基带传输系统方框图

脉冲形成器输入的是由电传机、计算机等终端设备发送来的二进制数据序列或是经模/数转换后的二进制（也可是多进制）脉冲序列，它们一般是脉冲宽度为 T_b 的单极性 NRZ 码，如图 5-10（a）波形 $\{d_k\}$ 所示。根据上节对单极性码的讨论得知，$\{d_k\}$ 并不适合信道传输。

脉冲形成器的作用是将 $\{d_k\}$ 变换成为比较适合信道传输，并可提供同步定时信息的码型，比如图 5-10（b）所示的双极性 RZ 码元序列 $d(t)$。

发送滤波器进一步将输入的矩形脉冲序列 $d(t)$ 变换成适合信道传输的波形 $g_T(t)$。这

是因为矩形波含有丰富的高频成分，若直接送入信号传输，容易产生失真。这里，假定构成 $g_T(t)$ 的基本波形为升余弦脉冲，如图 5-10(c) 所示。

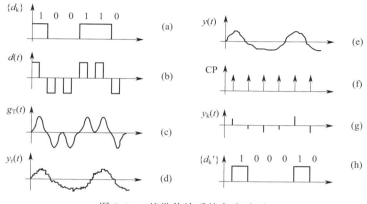

图 5-10　基带传输系统各点波形

基带传输系统的信道通常采用电缆、架空明线等。信道既传输信号，同时又因存在噪声 $n(t)$ 和频率特性不理想而对数字信号造成损害，使得接收得到的波形 $y_r(t)$ 与发送波形 $g_T(t)$ 有较大差异，如图 5-10(d) 所示。

接收滤波器是接收端为了减小信道特性不理想和噪声对信号传输的影响而设置的。其主要作用是滤除带外噪声并对已接收的波形均衡，以便抽样判决器正确判决。接受滤波器的输出波形 $y(t)$ 如图 5-10(e) 所示。

抽样判决器首先对接收滤波器输出信号 $y(t)$ 在规定的时刻（由定时脉冲 CP 控制）进行抽样，获得抽样信号 $y_k(t)$，然后对抽样值进行判决，以确定各码元是"1"码还是"0"码。抽样信号 $y_k(t)$ 如图 5-10(g) 所示。

码元再生器的作用是对判决器的输出"0""1"进行原始码元再生，以获得图 5-10(h) 所示与输入波形相应的脉冲序列 $\{d_k'\}$。

同步提取电路的任务是从接收信号中提取定时脉冲 CP，供接收系统同步使用。

5.2.2　码间串扰

对比图 5-10(a)、(h) 中的 $\{d_k\}$ 和 $\{d_k'\}$ 可以看出，传输过程中第 4 个码元发生了误码，从上述基带传输系统的工作原理不难知道，产生该误码的原因就是信道加性噪声和频率特性不理想引起的波形畸变。但这只是初步的定性，下面将对此作进一步讨论，特别要清楚码间串扰的含义及其产生原因，以便为建立无码间串扰的基带传输系统做准备。

信号在信道上传输发生畸变的原因主要是输入信号的频谱较宽，而信道对于信号的各个频率成分传输的衰耗是不同的，这样各个频率成分在经过不同衰减后，再叠加在一起的波形一定与原来的形状不同。

信号在经过不理想的信道后产生长长的拖尾，如果相邻的接收信号拖尾彼此影响，就会对接收端接收信号产生不良影响。如图 5-11 所示，发送端发送了 4 个矩形脉冲，在接收端对第 2 个信号抽样判决时，得到的不仅仅有第 2 个信号的抽样值，还有第 1 个和第 3 个信号的拖尾值，并且这两个拖尾在判决时刻的值为正值，若这两个正的拖尾值相加的绝对值大于第 2 个信号的抽样值的绝对值，就会对第 2 个信号的极性产生影响，从而产生判决错误，原

本为 "0"，却被错判成 "1" 码，就产生了误码，这就是码间串扰。因此码间串扰可定义为由于系统传输总特性（包括收、发滤波器和信道的特性）不理想，导致前后码元的波形畸变、展宽，波形出现很长的拖尾，蔓延到当前码元的抽样时刻上，从而对当前码元的判决造成干扰。

显然，实际抽样判决值不仅有本码元的值，还有其他码元在该码元抽样时刻的串扰值及噪声。因此，接收端能否正确恢复信息，在于能否有效地抑制噪声和减小码间串扰。

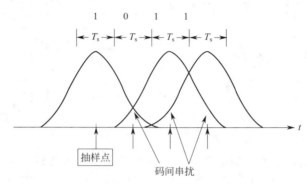

图 5-11　码间串扰示意图

5.2.3　码间串扰的消除

由图 5-11 可看出，若想消除码间串扰，应使第 1 个和第 3 个信号拖尾值的代数和为 0，即相互抵消。但是由于信号是随机的，要想通过各项相互抵消而使码间串扰为 0 是不行的，这就需要对基带传输系统的冲激响应 $h(t)$ 提出要求。如果相邻码元的前一个码元的波形到达后一个码元抽样判决时刻已经衰减到 0，如图 5-12(a) 所示的波形，就能满足要求。但是，这样的波形不易实现，因为实际中的信号波形有很长的 "拖尾"，也正是由于每个码元的 "拖尾" 造成了对相邻码元的串扰，但只要让它在 T_s+t_0，$2T_s+t_0$ 等后面码元抽样判决时刻上正好为 0，就能消除码间串扰，如图 5-12(b) 所示。这就是消除码间串扰的基本思想。

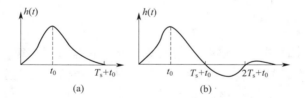

图 5-12　消除码间串扰基本思想

考虑到实际应用时，定时判决时刻不一定非常准确，如果像图 5-12(b) 这样的 $h(t)$ 尾巴拖得太长，当定时不准确时，任一个码元都要对后面好几个产生串扰，或者说后面任一个码元都要收到前面几个码元的串扰。因此除了要求 $h(t)$ 在后面码元抽样判决时刻上正好为 0 外，还要求 $h(t)$ 适当衰减快一些，即尾巴不要拖得太长。

5.2.4　无码间串扰的基带传输系统

根据上节对码间串扰的讨论，可将无码间串扰对基带传输系统冲激相应 $h(t)$ 的要求概况如下。

① 基带信号经过传输后在抽样点上无码间串扰，也即瞬时抽样值应满足

$$h\left[(j-k)T_b+t_0\right]=\begin{cases}1(或常数),j=k\\0,\qquad\qquad j\neq k\end{cases} \tag{5.2-1}$$

② $h(t)$ 尾部衰减要快。

式 (5.2-1) 所给出的无码间串扰条件是针对第 j 个码元在 $t=jT_b+T_0$ 时刻进行抽样判决得来的。t_0 是一个时延常数，为了分析简便起见，假设 $t_0=0$，这样无码间串扰的条件变为

$$h\left[(j-k)T_b\right]=\begin{cases}1(或常数),j=k\\0,\qquad\qquad j\neq k\end{cases} \tag{5.2-2}$$

令 $k'=j-k$，并考虑到 k' 也为整数，可用 k 表示，得无码间串扰的条件为

$$h\left[kT_b\right]=\begin{cases}1(或常数),k=0\\0,\qquad\qquad k\neq0\end{cases} \tag{5.2-3}$$

式 (5.2-3) 说明，无码间串扰的基带系统冲激响应应除 $t=0$ 时取值不为零外，其他抽样时刻 $t=kT_b$ 上的抽样值均为零。习惯上，称式 (5.2-3) 为无码间串扰基带传输系统的时域条件。

能满足这个要求的 $h(t)$ 是可以找到的，而且很多，常见的抽样函数，就有可能满足此条件。比如图 5-13 所示的 $h(t)=Sa(\pi t/T_s)$ 曲线，就是一个典型的例子。

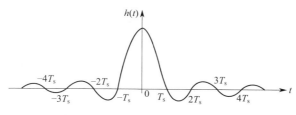

图 5-13　$h(t)=Sa(\pi t/T_s)$ 的曲线

1）理想基带传输系统

理想基带传输系统的传输特性具有理想低通特性，其传输函数为：

$$H(\omega)=\begin{cases}1(或常数),|\omega|\leqslant\omega_b/2\\0,\qquad\qquad |\omega|>\omega_b/2\end{cases} \tag{5.2-4}$$

如图 5-14(a) 所示，其带宽 $B=(\omega_b/2)/2\pi=f_b/2$。对其进行傅里叶反变换得

$$h(t)=\frac{1}{2\pi}\int_{-\infty}^{\infty}H(\omega)\mathrm{e}^{\mathrm{j}\omega t}\mathrm{d}\omega=\frac{1}{2\pi}\int_{-2\pi B}^{2\pi B}\mathrm{e}^{\mathrm{j}\omega t}\mathrm{d}\omega=2BSa(2\pi Bt) \tag{5.2-5}$$

它是个抽样函数，如图 5-14(b) 所示。从图中可以看到，$h(t)$ 在 $t=0$ 时有最大值 $2B$，而在 $t=k/2B$（k 为非零整数）的各瞬间均为零。显然，只要令 $T_b=1/2B=1/f_b$，也就是码元宽度为 $1/2B$，就可以满足式 (5.2-3) 的要求，接收端在 $k/2B$ 时刻的抽样值中无串扰值累积，从而消除码间串扰。

从上述分析可见，如果信号经传输后整个波形发生变化，但只要其特定点的抽样值保持不变，那么用再次抽样的方法，仍然可以准确无误地恢复原始信码。这就是所谓的奈奎斯特第一准则的本质。

在图 5-14 所表示的截止频率为 B 的理想基带传输系统中，$T_b=1/2B$ 为系统传输无码间串扰的最小码元间隔，称为奈奎斯特间隔。相应的，称 $R_B=1/T_b=2B$ 为奈奎斯特速率，它是系统的最大码元传输速率。

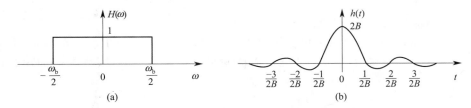

图 5-14　理想基带传输系统的 $H(\omega)$ 和 $h(t)$

反过来说，输入序列若以 $1/T_b$ 的码元速率进行无码间串扰传输时，所需的最小传输带宽为 $1/2T_b$。通常称 $1/2T_b$ 为奈奎斯特带宽。

频带利用率 η 是指码元速率 R_B 和带宽 B 的比值，即单位频带所能传输的码元速率，其表示为

$$\eta=R_B/B \tag{5.2-6}$$

显然，理想低通传输函数具有最大的频带利用率，为 2Baud/Hz。

从前面讨论的结果可知，理想低通传输函数具有最大传码率和频带利用率，十分理想。但是，理想基带传输系统实际上不可能得到应用。这是因为首先这种理想低通特性物理上是不能实现的，其次，即使能设法接近理想低通特性，但由于这种理想低通特性冲激响应 $h(t)$ 的拖尾（即衰减型振荡起伏）很大，如果抽样定时发生某些偏差，或外界条件对传输特性稍加影响，信号频率发生漂移等都会导致码间串扰明显地增加。

2）实用的无码间串扰基带传输特性

考虑到理想冲激响应 $h(t)$ 的尾巴衰减很慢的原因是系统的频率特性截止过于陡峭，受此启发，如果按图 5-15 所示的构造思想去设计 $H(\omega)$ 的特性，即把 $H(\omega)$ 视为对截止频率为 W_1 的理想低通特性 $H_0(\omega)$ 按 $H_1(\omega)$ 的特性进行"圆滑"而得到的，即

$$H(\omega)=H_0(\omega)+H_1(\omega)$$

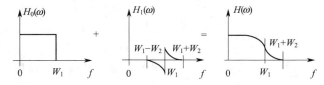

图 5-15　滚降特性的构成（仅画出正频率部分）

只要 $H_1(\omega)$ 对 W_1 具有奇对称的幅度特性，则 $H(\omega)$ 即无码间串扰。这里，$W_1=1/2T_b=f_b/2$，相当于角频率为 π/T_b。上述结论可等效地表述为：只要 $H(\omega)$ 关于 W_1 呈"互补对称"的幅度特性，则 $H(\omega)$ 即无码间串扰。

上述的"圆滑"，通常被称为"滚降"。滚降特性 $H_1(\omega)$ 的上、下截止频率分别为 W_1+W_2、W_1-W_2。滚降系数定义为

$$\alpha=\frac{W_2}{W_1} \tag{5.2-7}$$

显然，$0 \leqslant \alpha \leqslant 1$。

满足互补对称滚降特性的 $H(\omega)$ 很多，可根据实际需要进行选择，以构成不同的实际系统。

5.3　眼　　图

从理论上讲，一个基带传输系统的传输函数 $H(\omega)$ 只要满足无码间串扰要求，就可消除码间串扰。但是在实际系统中要想做到这一点非常困难，甚至是不可能的。这是因为码间串扰与发送滤波器特性、信道特性、接收滤波器特性等因素有关。在实际工程中，如果部件调试不理想或信道特性发生变化，都可能使 $H(\omega)$ 改变，从而引起系统性能变坏。实践中，为了使系统达到最佳化，除了用专用精密仪器进行定量的测量以外，技术人员还希望用简单的方法和通用仪器也能宏观监测系统的性能，其中一个有效的实验方法是观察接收信号的眼图。

5.3.1　眼图的概念

眼图是指利用实验的方法估计和改善传输系统性能时在示波器上观察到的一种图形。观察眼图的方法是：用一个示波器跨接在接收滤波器的输出端，然后调整示波器扫描周期，使示波器水平扫描周期与接收码元的周期同步，这时示波器屏幕上看到的图形像人的眼睛，故称为"眼图"。从"眼图"上可以观察出码间串扰和噪声的影响，从而估计系统优劣程度。

5.3.2　眼图形成原理

1）无噪声时的眼图

为解释眼图与系统性能之间的关系，图5-16所示为无噪声情况下，无码间串扰和有码间串扰的眼图。

图 5-16（a）为无码间串扰的双极性基带脉冲序列，将示波器的水平扫描周期调到与码元周期 T_b 一致，利用示波器的余晖效应，扫描所得的每一个码元波形重叠在一起，形成如图5-16（c）所示的线迹细而清晰的大眼睛；图5-16（b）是有码间串扰的双极性基带脉冲序列，由于存在码间串扰，此波形已经失真，当用示波器观察它时，示波器的扫描线不会完全重合，于是形成眼图线迹杂乱且不清晰，"眼睛"张开的较小，且眼图不端正，如图 5-16（d）所示。

对于图 5-16（c）和图 5-16（d）可知，眼图的"眼睛"张开的大小反映着码间串扰的强弱。"眼睛"张得越大，且眼图越端正，表示

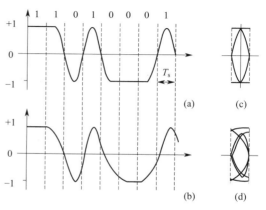

图 5-16　基带信号波形及眼图

码间串扰越小；反之表示码间串扰越大。

2）有噪声时的眼图

当存在噪声时，噪声将叠加在信号上，观察到的眼图的线迹会变得模糊不清。若同时存在码间串扰，"眼睛"将张开得更小。与无码间串扰时的眼图相比，原来清晰端正的细线迹变成了比较模糊的带状线，而且不很端正。噪声越大，线迹越宽，越模糊；码间串扰越大，眼图越不端正。

3）眼图的模型

眼图对于展示数字信号传输系统的性能提供了很多有用的信息：可以从中看出码间串扰的强弱，可以指示接收滤波器的调整，以减小码间串扰。为了说明眼图和系统性能的关系，可以把眼图简化为图 5-17 所示的形状，称为眼图的模型。

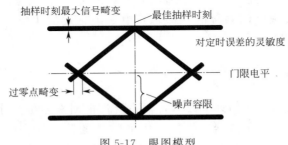

图 5-17　眼图模型

图 5-17 具有如下意义：

① 最佳抽样时刻在"眼睛"张最大的时刻；

② 对定时误差的灵敏度可由眼图斜边的斜率决定，斜率越大，对定时误差就越灵敏；

③ 在抽样时刻上，眼图上下两分支阴影区的垂直高度，表示最大信号畸变；

④ 眼图中横轴位置应对应判决门限电平；

⑤ 抽样时刻上，上、下两分支离门限最近的一根线迹至门限的距离表示各相应电平的噪声容限，噪声瞬时值超过它就可能发生错误判决；

⑥ 倾斜分支与横轴相交的区域的大小，表示零点位置的变动范围，这个变动范围的大小对提取定时信息有重要的影响。

本章小结

数字基带传输是指数字基带信号不经过调制直接在信道中传输。

基带传输首先要考虑的问题是合理地设计选择数字基带信号码型，使数字信息变换为适合于给定信道传输特性的频谱结构，常用码型主要包括：二元码（单极性 NRZ 码、双极性 NRZ 码、单极性 RZ 码、双极性 RZ 码、差分码和数字双相码），三元码（传号交替反转码和三阶高密度双极性码）和多元码。

通过对数字基带信号的频谱分析，可以准确地了解基带信号的频率分布、有无直流分量和定时信息分量等信息，以便使选定的传输波形和码型更好地适应信道的传输特性。

在理想情况下，根据奈奎斯特第一准则可以从理论上得到无码间串扰的基带传输系统，而在实际系统中码间串扰不可避免，但可以通过对基带传输系统进行适当的设计来尽量减少码间串扰，常用的方法之一就是使基带传输系统的传输函数具有互补对称特性。

对于实际的基带传输系统，为减少码间串扰的影响，实现最佳传输，常用眼图来监测系统的性能。

习　题

5-1　什么是数字基带信号？数字基带信号有哪些常用码型？它们各有什么特点？

5-2　构成 AMI 和 HDB$_3$ 码的规则是什么？

5-3　研究数字基带信号功率谱的目的是什么？

5-4　什么是码间串扰？它是怎样产生的？对通信质量有何影响？

5-5　什么是奈奎斯特间隔和奈奎斯特速率？

5-6　什么是眼图？它有什么用处？

5-7　设二进制符号序列为 110010001110，试以矩形脉冲为例，分别画出相应的单极性 NRZ 码、双极性 NRZ 码、单极性 RZ 码、双极性 RZ 码、二进制差分码波形。

5-8　已知信息代码为 100000000011，求相应的 AMI 码和 HDB$_3$ 码。

5-9　已知 HDB$_3$ 码为 $0 +1 0 0 -1 0 0 0 -1 +1 0 0 0 +1 -1 +1 -1 0 0 -1 0 0 -1$，试译出原信息代码。

5-10　设某二进制数字基带信号的基本脉冲如题图 5-1 所示。图中 T_b 为码元宽度，数字信息"1"和"0"分别用 $g(t)$ 的有无表示，它们的出现概率分别为 P 与 $(1-P)$：

（1）求该数字信号的功率谱密度，并画图；

（2）该序列是否存在离散分量 $f_b = 1/T_b$？

（3）该数字基带信号的带宽是多少？

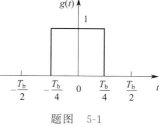

题图　5-1

5-11　设基带传输系统的发送滤波器、信道、接收滤波器组成总特性为 $H(\omega)$，若要求以 $2/T_bB$ 的速率进行数据传输，试检验题图 5-2 各种系统是否满足无码间串扰条件。

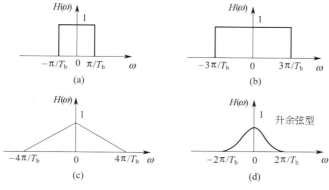

题图　5-2

5-12 设已知滤波器的 $H(\omega)$ 具有如题图 5-3 所示的特性（码元速率变化时特性不变），当采用以下码元速率时：

(a) 码元速率 $R_B = 500$ B

(b) 码元速率 $R_B = 1000$ B

(c) 码元速率 $R_B = 1500$ B

(d) 码元速率 $R_B = 2000$ B

问：(1) 哪种码元速率不会产生码间串扰？

(2) 如果滤波器的 $H(\omega)$ 改为题图 5-4，重新回答 (1)。

题图 5-3   题图 5-4

5-13 一随机二进制序列 $101100\cdots$，符号 "1" 对应的基带波形为升余弦波形，持续时间为 T_b，符号 "0" 对应的基带波形恰好与 "1" 相反；

(1) 当示波器的扫描周期 $T_0 = T_b$ 时，试画出眼图；

(2) 当 $T_0 = 2T_b$ 时，试重画眼图。

第 6 章

数字信号的频带传输

【内容提要】本章主要介绍数字调制的基本原理及其抗噪声性能。着重讨论二进制数字调制系统的基本原理及其抗噪声性能，并简要介绍多进制数字调制技术。

6.1 数字幅度调制

数字基带信号的功率谱从零频开始而且集中在低频段，因此只适合在低通型信道中传输。但常见的实际信道是带通型的，例如各个频段的无线信道、限定频率范围的同轴电缆等。为了使数字信息在带通信道中传输，必须用数字基带信号对载波进行调制，使基带信号的功率谱搬移到较高的载波频率上，这种调制称为数字调制，相应的传输方式称为数字信号的调制传输。

和模拟调制相似，数字调制所用的载波一般也是连续的正（余）弦信号，但调制信号则为数字基带信号。由于数字信息是离散的，所以调制后的载波参量只具有几个有限数值。数字调制的过程就像用数字信息去控制开关一样，从几个具有不同参量的独立振荡源中选择参量，所以把数字调制也称为键控。和模拟调制中的幅度调制、频率调制和相位调制相对应，数字调制的三种基本方式为幅度键控（ASK）、频移键控（FSK）和相移键控（PSK）。

数字调制最简单的情况是二进制调制，即调制信号是二进制数字信号。在二进制数字调制中，载波的幅度、频率或相位只有两种变化状态。

6.1.1 2ASK 信号的调制原理及实现方法

数字幅度调制又称为幅度键控（ASK），是利用载波的幅度变化来传递数字信息，而其频率和初始相位保持不变。二进制幅度键控记作 2ASK。在 2ASK 中，载波的幅度只有两种变化状态，分别对应二进制信息"0"或"1"，有载波输出时表示"1"，无载波输出时表示"0"，如图 6-1 所示。

2ASK 信号的一般表达式为

$$e_{2ASK}(t) = s(t)\cos\omega_c t \qquad (6.1\text{-}1)$$

其中

$$s(t) = \sum_n a_n g(t - nT_b) \qquad (6.1\text{-}2)$$

式中，T_b 为码元持续时间；$g(t)$ 为持续时间为 T_b 的基带脉冲波形。为简便起见，通常假设 $g(t)$ 是高度为 1、宽度等于 T_b 的矩形脉冲；a_n 是第 n 个符号的电平取值。

$$a_n = \begin{cases} 1 & \text{概率为 } P \\ 0 & \text{概率为 } (1-P) \end{cases} \qquad (6.1\text{-}3)$$

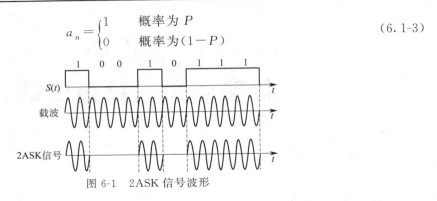

图 6-1 2ASK 信号波形

2ASK 信号的产生方法通常有两种：模拟调制法（相乘器法）和键控法，相应的调制器如图 6-2 所示。图 6-2（a）是一般的模拟幅度调制的方法，用乘法器实现；图 6-2（b）是一种数字键控法，其中的开关电路受 $s(t)$ 控制。

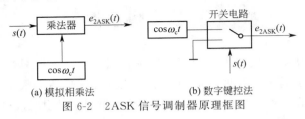

(a) 模拟相乘法　　　　　(b) 数字键控法

图 6-2 2ASK 信号调制器原理框图

6.1.2 2ASK 信号的解调

与 AM 信号的解调方法一样。2ASK 信号也有两种基本的解调方法：非相干解调（包络检波法）和相干解调（同步检测法）。

包络检波法的原理方框图如图 6-3（a）所示。带通滤波器恰使 2ASK 信号完整地通过，经过包络检测后，输出其包络。低通滤波器的作用是滤除高频杂波，使基带信号（包络）通过。抽样判决器包括抽样、判决及码元形成器。定时抽样脉冲（位同步信号）是很窄的脉冲，通常位于每个码元的中间位置，其重复周期等于码元的宽度。

同步检测法的原理方框图如图 6-3（b）所示。相干解调要求接收机产生一个与发送载波同频同相的本地载波信号，称其为同步载波或相干载波。利用此载波与收到的已调信号相乘，输出信号经低通滤波滤除高频分量后，即可输出调制信号。图 6-4 给出了 2ASK 信号相干解调过程的各点波形。

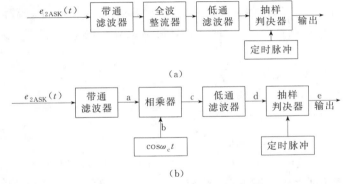

图 6-3 2ASK 信号解调原理框图

6.1.3 2ASK 信号的功率谱及带宽

前面已经得到，一个 2ASK 信号 $e_{2ASK}(t)$ 可表示成

$$e_{2ASK}(t) = s(t)\cos\omega_c t \qquad (6.1-4)$$

这里，$s(t)$ 是代表信息的随机单极性 NRZ 矩形脉冲序列。

现设 $s(t)$ 的功率谱密度为 $P_s(f)$，$e_{2ASK}(t)$ 的功率谱密度为 $P_e(f)$，则由式（6.1-4）可以证得

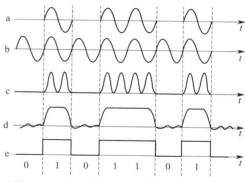

图 6-4 2ASK 信号相干解调过程各点波形

$$P_e(f) = \frac{1}{4}[P_s(f+f_c) + P_s(f-f_c)] \qquad (6.1-5)$$

$P_s(f)$ 可按照 5.1.3 节介绍的方法直接导出。对于单极性 NRZ 码，引用 5.1.3 节例 5.1 的结果式(5.1-4)，有

$$P_x(f) = \frac{1}{4}T_b Sa^2(\pi f T_b) + \frac{1}{4}\delta(f) \qquad (6.1-6)$$

代入式(6.1-5)，得 2ASK 信号的功率谱

$$P_e(f) = \frac{T_b}{16}\{Sa^2[\pi(f+f_c)T_b] + Sa^2[\pi(f-f_c)T_b]\} + \frac{1}{16}[\delta(f+f_c) + \delta(f-f_c)]$$

$$(6.1-7)$$

其示意图如图 6-5 所示。

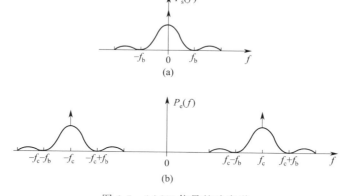

图 6-5 2ASK 信号的功率谱

由图 6-5 可见：

① 2ASK 信号的功率谱由连续谱和离散谱两部分组成。其中，连续谱取决于数字基带信号 $s(t)$ 经线性调制后的双边带谱，而离散谱则由载波分量确定。

② 2ASK 信号的带宽 B_{2ASK} 是数字基带信号带宽 B_s 的两倍

$$B_{2ASK} = 2B_s = \frac{2}{T_b} = 2f_b \qquad (6.1-8)$$

③ 因为系统的传码率 $R_B = \frac{1}{T_b}$，故 2ASK 系统的频带利用率为

$$\eta = \frac{\frac{1}{T_b}}{\frac{2}{T_b}} = \frac{f_b}{2f_b} = \frac{1}{2}(\text{B/Hz}) \tag{6.1-9}$$

这意味着用 2ASK 方式传送码元速率为 R_B 的二进制数字信号时，要求该系统的带宽至少为 $2R_B$。

6.1.4　2ASK 信号的抗噪声性能

由 6.1.2 节可知，2ASK 信号的解调方法有同步检测法和包络检波法。下面将分别讨论这两种解调方法的误码率。

1）同步检测法的系统性能

对 2ASK 信号，同步检测法的系统性能分析模型如图 6-6 所示。

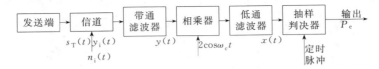

图 6-6　2ASK 信号同步检测法的系统性能分析模型

对于 2ASK 系统，设在一个码元的持续时间 T_b 内，其发送端输出的信号波形 $s_T(t)$ 可以表示为

$$s_T(t) = \begin{cases} u_T(t) & \text{发送"1"时} \\ 0 & \text{发送"0"时} \end{cases} \tag{6.1-10}$$

其中

$$u_T(t) = \begin{cases} A\cos\omega_c t & 0 < t < T_b \\ 0 & \text{其他} \end{cases} \tag{6.1-11}$$

则在每一段时间 $(0, T_b)$ 内，接收端的输入波形 $y_i(t)$ 为

$$y_i(t) = \begin{cases} u_i(t) + n_i(t) & \text{发送"1"时} \\ n_i(t) & \text{发送"0"时} \end{cases} \tag{6.1-12}$$

其中，$u_i(t)$ 为 $u_T(t)$ 经信道传输后的波形。为简明起见，认为信号经过信道传输后只受到固定衰减，未产生失真（信道传输系数取为 K），令 $a = AK$，则有

$$u_i(t) = \begin{cases} a\cos\omega_c t & 0 < t < T_b \\ 0 & \text{其他} \end{cases} \tag{6.1-13}$$

而 $n_i(t)$ 是均值为 0 的加性高斯白噪声。

假设接收端带通滤波器具有理想矩形传输特性，恰好使信号无失真通过，则带通滤波器的输出波形 $y(t)$ 为

$$y(t) = \begin{cases} u_i(t) + n(t) & \text{发送"1"时} \\ n(t) & \text{发送"0"时} \end{cases} \tag{6.1-14}$$

其中，$n(t)$ 是高斯白噪声 $n_i(t)$ 经过带通滤波器的输出噪声。$n(t)$ 为窄带高斯噪声，其均值为 0，方差为 σ_n^2，且可表示为

$$n(t) = n_c(t)\cos\omega_c t - n_s(t)\sin\omega_c t \tag{6.1-15}$$

于是

$$
\begin{aligned}
y(t) &= \begin{cases} a\cos\omega_c t + n_c(t)\cos\omega_c t - n_s(t)\sin\omega_c t \\ n_c(t)\cos\omega_c t - n_s(t)\sin\omega_c t \end{cases} \\
&= \begin{cases} [a+n_c(t)]\cos\omega_c t - n_s(t)\sin\omega_c t & \text{发送“1”时} \\ n_c(t)\cos\omega_c t - n_s(t)\sin\omega_c t & \text{发送“0”时} \end{cases}
\end{aligned}
\tag{6.1-16}
$$

$y(t)$ 与相干载波 $2\cos\omega_c t$ 相乘，然后由低通滤波器滤除高频分量，在抽样判决器输入端得到的波形 $x(t)$ 为

$$x(t) = \begin{cases} a + n_c(t) & \text{发送“1”时} \\ n_c(t) & \text{发送“0”时} \end{cases} \tag{6.1-17}$$

其中，a 为信号成分，由于 $n_c(t)$ 也是均值为 0、方差为 σ_n^2 的高斯噪声，所以 $x(t)$ 也是一个高斯随机过程，其均值分别为 a （发 "1" 时）和 0 （发 "0" 时），方差等于 σ_n^2。

设对第 k 个符号的抽样时刻为 kT_b，则 $x(t)$ 在 kT_b 时刻的抽样值

$$x = x(kT_b) = \begin{cases} a + n_c(kT_b) & \text{发送“1”时} \\ n_c(kT_b) & \text{发送“0”时} \end{cases} \tag{6.1-18}$$

是一个高斯随机变量。因此，发送 "1" 时，x 的一维概率密度函数 $f_1(x)$ 为

$$f_1(x) = \frac{1}{\sqrt{2\pi}\,\sigma_n}\exp\left\{-\frac{(x-a)^2}{2\sigma_n^2}\right\} \tag{6.1-19}$$

发送 "0" 时，x 的一维概率密度函数 $f_0(x)$ 为

$$f_0(x) = \frac{1}{\sqrt{2\pi}\,\sigma_n}\exp\left\{-\frac{x^2}{2\sigma_n^2}\right\} \tag{6.1-20}$$

$f_1(x)$ 和 $f_0(x)$ 的曲线形状如图 6-7 所示。

若取判决门限为 b，规定判决规则为

$x > b$ 时，判为 "1"

$x \leqslant b$ 时，判为 "0"

则当发送 "1" 时，错误接收为 "0" 的概率是抽样值 $x \leqslant b$ 的概率，即

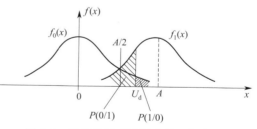

图 6-7　同步检测时误码率的几何表示

$$P(0/1) = P(x \leqslant b) = \int_{-\infty}^{b} f_1(x)dx = 1 - \frac{1}{2}\text{erfc}\left(\frac{b-a}{\sqrt{2}\,\sigma_n}\right) \tag{6.1-21}$$

其中，$\text{erfc}(x) = \dfrac{2}{\sqrt{\pi}}\displaystyle\int_{x}^{\infty} e^{-u^2}du$ 。

同理，发送 "0" 时，错误接收为 "1" 的概率是抽样值 $x > b$ 的概率，即

$$P(1/0) = P(x > b) = \int_{b}^{\infty} f_0(x)dx = \frac{1}{2}\text{erfc}\left(\frac{b}{\sqrt{2}\,\sigma_n}\right) \tag{6.1-22}$$

设发 "1" 的概率为 $P(1)$，发 "0" 的概率为 $P(0)$，则同步检测时 2ASK 系统的总误码率 P_e 为

$$P_e = P(1)P(0/1) + P(0)P(1/0) = P(1)\int_{-\infty}^{b} f_1(x)\mathrm{d}x + P(0)\int_{b}^{\infty} f_0(x)\mathrm{d}x \quad (6.1\text{-}23)$$

式(6.1-23)表明，当 $P(1)$、$P(0)$ 及 $f_1(x)$、$f_0(x)$ 一定时，系统的误码率 P_e 与判决门限 b 的选择密切相关，其几何表示如图 6-7 阴影部分所示。可见，误码率 P_e 等于图中阴影的面积。若改变判决门限 b，阴影的面积将随之改变，即误码率 P_e 的大小将随判决门限 b 而变化。进一步分析可得，当判决门限 b 取 $P(1)f_1(x)$ 与 $P(0)f_0(x)$ 两条曲线相交点 b^* 时，阴影的面积最小。即判决门限取为 b^* 时，系统的误码率 P_e 最小。这个门限 b^* 称为最佳判决门限。

若发送"1"和"0"的概率相等，即 $P(1)=P(0)$，则最佳判决门限为

$$b^* = a \quad (6.1\text{-}24)$$

此时，2ASK 信号采用相干解调（同步检测）时系统的误码率 P_e 为

$$P_e = \frac{1}{2}\mathrm{erfc}\left(\sqrt{\frac{r}{4}}\right) \quad (6.1\text{-}25)$$

式中，$r = \dfrac{a^2}{2\sigma_n^2}$，为解调器输入端的信噪比。

当 $r \gg 1$，即大信噪比时，式(6.1-25)可近似表示为

$$P_e \approx \frac{1}{\sqrt{\pi r}}\mathrm{e}^{-r/4} \quad (6.1\text{-}26)$$

2）包络检波法的系统性能

对于图 6-3(a) 所示的包络检测接收系统，其接收带通滤波器的输出为

$$y(t) = s_T(t) + n_i(t) = \begin{cases} a\cos\omega_c t + n_c(t)\cos\omega_c t - n_s(t)\sin\omega_c t & \text{发送"1"时} \\ n_c(t)\cos\omega_c t - n_s(t)\sin\omega_c t & \text{发送"0"时} \end{cases} \quad (6.1\text{-}27)$$

其中，$n_i(t) = n_c(t)\cos\omega_c t - n_s(t)\sin\omega_c t$ 为高斯白噪声经带通滤波器限带后的窄带高斯噪声。

经包络检波器检测，输出包络信号

$$x(t) = \begin{cases} \sqrt{[a+n_c(t)^2]+n_s^2(t)} & \text{发送"1"时} \\ \sqrt{n_c^2(t)+n_s^2(t)} & \text{发送"0"时} \end{cases} \quad (6.1\text{-}28)$$

由式(6.1-27)可知，发送"1"时，接收带通滤波器的输出 $y(t)$ 为正弦波加窄带高斯噪声形式，发送"0"时，接收带通滤波器的输出 $y(t)$ 为纯粹窄带高斯噪声形式，因此，发送"1"时，低通滤波器输出包络 $x(t)$ 的抽样值 x 的一维概率密度函数 $f_1(x)$ 服从莱斯分布；而发送"0"时，低通滤波器输出包络 $x(t)$ 的抽样值 x 的一维概率密度函数 $f_0(x)$ 服从瑞利分布，如图 6-8 所示。

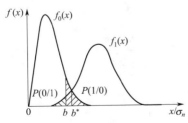

图 6-8　包络检波时误码率的几何表示

$x(t)$ 亦即抽样判决器，设判决门限为 b，规定判决规则为，抽样值 $x > b$ 时，判为"1"；抽样值 $x \leq b$ 时，判为"0"。则发送"1"时错判为"0"的概率为

$$P(0/1) = P(x \leq b) = \int_0^b f_1(x)\mathrm{d}x = S_1 \quad (6.1\text{-}29)$$

同理，发送"0"时错判为"1"的概率为

$$P(1/0) = P(x > b) = \int_b^\infty f_0(x)\mathrm{d}x = S_0 \qquad (6.1\text{-}30)$$

式中，S_0、S_1 分别为图 6-8 中的阴影面积。

设发"1"的概率为 $P(1)$，发"0"的概率为 $P(0)$，则包络检波时 2ASK 系统的总误码率 P_e 为

$$P_e = P(1)(0/1) + P(0)P(1/0) \qquad (6.1\text{-}31)$$

当 $P(1) = P(0) = \dfrac{1}{2}$，即等概时

$$P_e = \frac{1}{2}[P(0/1) + P(1/0)] = \frac{1}{2}(S_0 + S_1) \qquad (6.1\text{-}32)$$

由图 6-8 可以看出，当判决门限 $b = b^*$ 时，该阴影的面积之和最小。即判决门限取为 b^* 时，系统的误码率 P_e 最小。称这个门限 b^* 为最佳判决门限。采用包络检波的接收系统，通常是工作在大信噪比的情况下，可以证明，这时的最佳门限 $b^* = a/2$，系统的误码率近似为

$$P_e \approx \frac{1}{2}\mathrm{e}^{-r/4} \qquad (6.1\text{-}33)$$

式中，$r = \dfrac{a^2}{2\sigma_n^2}$，为包络器输入端的信噪比。由此可见，包络解调 2ASK 系统的误码率会随着输入信噪比 r 的增大，近似地按指数规律下降。

比较同步检测法（即相干解调）的误码率公式(6.1-25)、公式(6.1-26) 和包络检波法的误码率公式(6.1-33) 可以看出：在相同的信噪比条件下，同步检测法的抗噪声性能优于包络检波法，但在大信噪比时，两者性能相差不大。然而，包络检波法不需要相干载波，因而设备比较简单。另外，包络检波法存在门限效应，同步检测法无门限效应。

6.2　数字频率调制

6.2.1　2FSK 信号的调制原理及实现方法

数字频率调制又称频移键控（FSK），是利用载波的频率变化来传递数字信息。二进制频移键控（2FSK）是载波的频率随二进制基带信号在 f_1 和 f_2 两个频率点间变化。故其表达式为

$$e_{2FSK}(t) = \begin{cases} A\cos(\omega_1 t + \varphi_n) & \text{发送"1"时} \\ A\cos(\omega_2 t + \theta_n) & \text{发送"0"时} \end{cases} \qquad (6.2\text{-}1)$$

典型波形如图 6-9 所示。

由图可见，2FSK 已调信号的数学表达式又可以表示为

$$e_{2FSK}(t) = s(t)\cos(\omega_1 t + \varphi_n) + \overline{s(t)}\cos(\omega_2 t + \theta_n) \qquad (6.2\text{-}2)$$

其中，$s(t)$ 为单极性非归零矩形脉冲序列

$$s(t) = \sum_n a_n g(t - nT_b) \qquad (6.2\text{-}3)$$

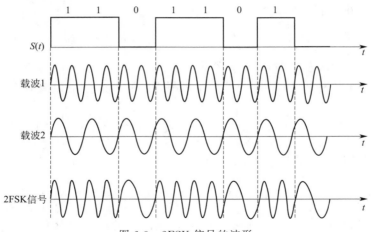

图 6-9   2FSK 信号的波形

$$a_n = \begin{cases} 1 & 概率为 P \\ 0 & 概率为(1-P) \end{cases} \tag{6.2-4}$$

$g(t)$ 是持续时间为 T_b、高度为 1 的门函数；$\overline{s(t)}$ 是对 $s(t)$ 逐码元取反而形成的脉冲序列，即

$$\overline{s(t)} = \sum_n \overline{a_n} g(t - nT_b) \tag{6.2-5}$$

$\overline{a_n}$ 是 a_n 的反码，即若 $a_n = 0$，则 $\overline{a_n} = 1$；若 $a_n = 1$，则 $\overline{a_n} = 0$，于是

$$\overline{a_n} = \begin{cases} 0 & 概率为 P \\ 1 & 概率为(1-P) \end{cases} \tag{6.2-6}$$

由式(6.2-2)可以看出，一个 2FSK 信号可视为两路 2ASK 信号的合成，其中一路以 $s(t)$ 为基带信号、ω_1 为载频；另一路以 $\overline{s(t)}$ 为基带信号、ω_2 为载频。

2FSK 信号的产生方法主要有两种。一种可以采用模拟调频电路来实现；另一种可以采用键控法来实现，即在二进制基带矩形脉冲序列的控制下通过开关电路对两个不同的独立频率源进行选通，使其在每一个码元 T_b 期间输出 f_1 或 f_2 两个载波之一，如图 6-10 所示。这两种方法产生 2FSK 信号的差异在于：由调频法产生的 2FSK 信号在相邻码元之间的相位是连续变化的（这是一类特殊的 FSK，称为连续相位 FSK）而键控法产生的 2FSK 信号，是由电子开关在两个独立频率源之间转换形成，故相邻码元之间的相位不一定连续。

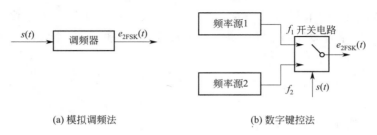

(a) 模拟调频法   (b) 数字键控法

图 6-10   2FSK 信号的波形

6.2.2　2FSK 信号的解调

2FSK 信号的常用解调方法是非相干解调（包络检波法）和相干解调。

1）包络检波法

2FSK 信号的包络检波法解调框图如图 6-11 所示，其可视为由两路 2ASK 包络检测电路组成。这里，两个带通滤波器（带宽相同，皆为相应的 2ASK 信号的带宽；中心频率不同，分别为 f_1、f_2）起分路作用，用以分开两路 2ASK 信号，上支路对应 $y_1(t)=s(t)\cos(\omega_1 t+\varphi_n)$，下支路对应 $y_2(t)=\overline{s(t)}\cos(\omega_2 t+\theta_n)$，经包络检测后分别取出它们的包络 $s(t)$ 及 $\overline{s(t)}$；抽样判决器起比较器作用，把两路包络信号同时送到抽样判决器中比较，从而判决输出基带数字信号。若上、下支路 $s(t)$ 及 $\overline{s(t)}$ 的抽样值分别用 v_1、v_2 表示，则抽样判决器准则为

$$\begin{cases} v_1 \geqslant v_2 & 判为"1" \\ v_1 < v_2 & 判为"0" \end{cases}$$

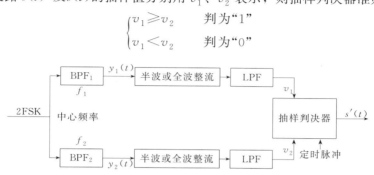

图 6-11 2FSK 信号包络检波方框图

2）相干检测法

相干检测的具体解调电路如图 6-12 所示，其可视为由两路 2ASK 相干解调电路组成。图中两个带通滤波器的作用与包络检波法相同，起分路作用，用以分开两路 2ASK 信号。它们的输出分别与相应的同步相干载波相乘，再分别经低通滤波器滤掉两倍频信号，取出含基带数字信息 $s(t)$、$\overline{s(t)}$ 的低频信号，抽样判决器在抽样脉冲到来时对两个低频信号的抽样值 v_1、v_2 进行比较判决，即可还原出基带数字信号。

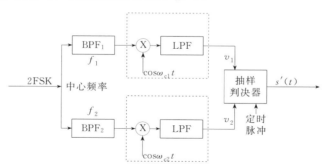

图 6-12 2FSK 信号相干检测方框图

除此之外，2FSK 信号还有其他解调方法，比如鉴频法、差分检测法、过零检测法等。图 6-13 给出了过零检测法的原理框图及各点时间波形。过零检测的原理基于 2FSK 信号的过零点数随不同频率而异，通过检测过零点数目的多少，从而区分两个不同频率的信号码元。在图 6-13 中，2FSK 信号经限幅、微分、整流后形成与频率变化相对应的尖脉冲序列，这些尖脉冲的密集程度反映了信号的频率高低，尖脉冲的个数就是信号过零点数。把这些尖脉冲变换成较宽的矩形脉冲，以增大其直流分量，该直流分量的大小和信号频率的高低成正比。然后经低通滤波器取出此直流分量，这样就完成了频率-幅度变换，从而根据直流分量

幅度上的区别还原出数字信号"1"和"0"。

2FSK 在数字通信中应用较为广泛。国际电信联盟（ITU）建议在数据率低于 1200b/s 时采用 2FSK 体制。2FSK 可以采用非相干接收方式，接收时不必利用信号的相位信息，因此特别适合应用于衰落信道/随参信道（如短波无线电信道）的场合，这些信道会引起信号的相位和振幅随机抖动和起伏。

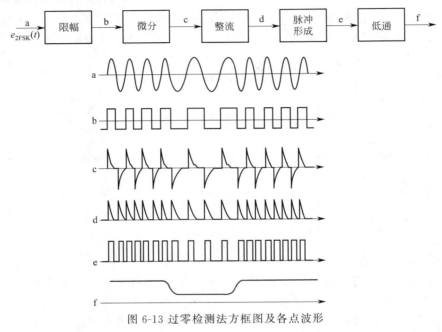

图 6-13 过零检测法方框图及各点波形

6.2.3 2FSK 信号的功率谱及带宽

由式(6.2-2) 可以看出，一个 2FSK 信号可视为两路 2ASK 信号的合成

$$e_{2FSK}(t) = s(t)\cos(\omega_1 t + \varphi_n) + \overline{s(t)}\cos(\omega_2 t + \theta_n) \tag{6.2-7}$$

因此，2FSK 信号的频谱也可以表示成中心频率分别为 f_1 和 f_2 的两个 2ASK 频谱之合。根据这一思路，可以直接利用 2ASK 频谱的结果来分析 2FSK 的频谱。

根据 2ASK 信号功率谱密度的表示式，不难写出这种 2FSK 信号的功率谱密度的表示式

$$P_e(f) = \frac{1}{4}[P_s(f+f_1) + P_s(f-f_1)] + \frac{1}{4}[P_{\bar{s}}(f+f_2) + P_{\bar{s}}(f-f_2)] \tag{6.2-8}$$

其中，$P_s(f)$、$P_{\bar{s}}(f)$ 分别为基带信号 $s(t)$、$\overline{s(t)}$ 的功率谱。当 $s(t)$ 是单极性 NRZ 波形且"0""1"等概率出现时，引用 5.1.3 节例 5.1 的结果式(5.1-4)，有

$$P_s(f) = P_{\bar{s}}(f) = \frac{1}{4}T_b Sa^2(\pi f T_b) + \frac{1}{4}\delta(f) \tag{6.2-9}$$

代入式(6.2-8)，得 2FSK 信号的功率谱为

$$P_e(f) = \frac{T_b}{16}\{Sa^2[\pi(f+f_1)T_b] + Sa^2[\pi(f-f_1)T_b] +$$

$$Sa^2[\pi(f+f_2)T_b] + Sa^2[\pi(f-f_2)T_b]\} +$$

$$\frac{1}{16}[\delta(f+f_1) + \delta(f-f_1) + \delta(f+f_2) + \delta(f-f_2)] \tag{6.2-10}$$

其功率谱曲线如图 6-14 所示。

由以上分析可见：

① 2FSK 信号的功率谱与 2ASK 信号的功率谱相似，同样由连续谱和离散谱两部分组成。其中，连续谱由两个中心位于 f_1 和 f_2 处的双边谱叠加而成，离散谱位于两个载频 f_1 和 f_2 处，这表明 2FSK 信号中含有载波 f_1、f_2 的分量。

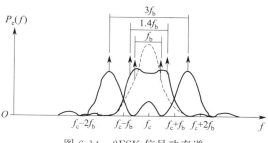

图 6-14　2FSK 信号功率谱

② 连续谱的形状随着两个载频之差 $|f_1 - f_2|$ 的大小而变化。若 $|f_1 - f_2| > f_b$，连续谱在 f_c 处出现双峰；若 $|f_1 - f_2| < f_b$，出现单峰。

③ 若以功率谱第一个零点之间的频率间隔计算 2FSK 信号的带宽，则其带宽近似为

$$B_{2FSK} = |f_1 - f_2| + 2f_b = 2(f_D + f_b) = (2 + D)f_b \tag{6.2-11}$$

式中，$f_b = 1/T_b$ 是基带信号的带宽；$f_D = |f_1 - f_2|/2$ 为频偏；$D = |f_1 - f_2|/f_b$ 为偏移率（频偏指数）。

可见，当码元速率 f_b 一定时，2FSK 信号的带宽比 2ASK 信号的带宽要宽 $2f_D$。通常为了便于接收端检测，又使带宽不致过宽，可选取 $f_D = f_b$，此时 $B_{2FSK} = 4f_b$，是 2ASK 带宽的两倍，相应地系统频带利用率只有 2ASK 系统的 1/2。

6.2.4　2FSK 信号的抗噪声性能

与 2ASK 的情形相对应，下面分别以同步检测法和包络检波法两种情况来讨论 2FSK 系统的抗噪声性能，并比较其特点。

1）同步检测法的系统性能

2FSK 信号采用同步检测法性能分析模型如图 6-15 所示。

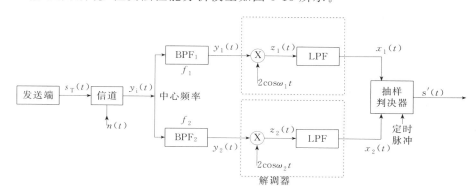

图 6-15　2FSK 信号采用同步检测法性能分析模型

假定信道噪声 $n(t)$ 为加性高斯白噪声，其均值为 0，双边噪声功率谱密度为 $\frac{n_0}{2}$；在一个码元持续时间 $(0，T_b)$ 内，发送端产生的 2FSK 信号可表示为

$$s_T(t) = \begin{cases} A\cos\omega_1 t & \text{发送 "1" 时} \\ A\cos\omega_2 t & \text{发送 "0" 时} \end{cases} \tag{6.2-12}$$

则接收机输入端合成波形为

$$y_i(t) = \begin{cases} a\cos\omega_1 t + n(t) & \text{发送"1"时} \\ a\cos\omega_2 t + n(t) & \text{发送"0"时} \end{cases} \qquad (6.2\text{-}13)$$

其中，为简明起见，认为发送信号经信道传输后除有固定衰耗外，未受到畸变，信号幅度：$A \rightarrow a$。

图 6-15 中，两个分路带通滤波器带宽相同，中心频率分别为 f_1、f_2，用以分开两路分别相应于 ω_1、ω_2 的信号。这样，接收端上、下支路两个带通滤波器 BPF_1、BPF_2 的输出波形分别为

上支路

$$y_1(t) = \begin{cases} a\cos\omega_1 t + n_1(t) & \text{发送"1"时} \\ n_1(t) & \text{发送"0"时} \end{cases} \qquad (6.2\text{-}14)$$

下支路

$$y_2(t) = \begin{cases} a\cos\omega_2 t + n_2(t) & \text{发送"0"时} \\ n_2(t) & \text{发送"1"时} \end{cases} \qquad (6.2\text{-}15)$$

其中，$n_1(t)$、$n_2(t)$ 皆为窄带高斯噪声，两者统计规律相同（输入同一噪声源、BPF 带宽相同）；均值为 0，方差为 $\sigma_n^2 = n_0 B_{2\text{ASK}}$。$n_1(t)$、$n_2(t)$ 可以进一步分别表示为

$$n_1(t) = n_{1c}(t)\cos\omega_1 t - n_{1s}(t)\sin\omega_1 t$$
$$n_2(t) = n_{2c}(t)\cos\omega_1 t - n_{2s}(t)\sin\omega_2 t \qquad (6.2\text{-}16)$$

式中，$n_{1c}(t)$、$n_{1s}(t)$ 分别为 $n_1(t)$ 的同相分量和正交分量；$n_{2c}(t)$、$n_{2s}(t)$ 分别为 $n_2(t)$ 的同相分量和正交分量。四者皆为低通型高斯噪声，统计特性分别同于 $n_1(t)$ 和 $n_2(t)$，即均值都为 0，方差都为 σ_n^2。

将式(6.2-16) 代入式(6.2-14) 和式(6.2-15)，则有

$$y_1(t) = \begin{cases} [a + n_{1c}(t)]\cos\omega_1 t - n_{1s}(t)\sin\omega_1 t & \text{发送"1"时} \\ n_{1c}(t)\cos\omega_1 t - n_{1s}(t)\sin\omega_1 t & \text{发送"0"时} \end{cases} \qquad (6.2\text{-}17)$$

及

$$y_2(t) = \begin{cases} [a + n_{2c}(t)]\cos\omega_2 t - n_{2s}(t)\sin\omega_2 t & \text{发送"1"时} \\ n_{2c}(t)\cos\omega_2 t - n_{2s}(t)\sin\omega_2 t & \text{发送"0"时} \end{cases} \qquad (6.2\text{-}18)$$

假设在 $(0, T_b)$ 发送 "1" 符号，则上下支路带通滤波器输出信号分别为

$$y_1(t) = [a + n_{1c}(t)]\cos\omega_1 t - n_{1s}(t)\sin\omega_1 t$$
$$y_2(t) = n_{2c}(t)\cos\omega_2 t - n_{2s}(t)\sin\omega_2 t$$

与各自的相干载波相乘后，得

$$z_1(t) = 2y_1(t)\cos\omega_1 t = [a + n_{1c}(t)] + [a + n_{1c}(t)]\cos 2\omega_1 t - n_{1s}(t)\sin 2\omega_1 t \qquad (6.2\text{-}19)$$
$$z_2(t) = 2y_2(t)\cos\omega_2 t = n_{2c}(t) + n_{2c}(t)\cos 2\omega_2 t - n_{2s}(t)\sin 2\omega_2 t \qquad (6.2\text{-}20)$$

分别通过上、下支路低通滤波器，输出

$$x_1(t) = a + n_{1c}(t) \qquad (6.2\text{-}21)$$
$$x_2(t) = n_{2c}(t) \qquad (6.2\text{-}22)$$

因为 $n_{1c}(t)$ 和 $n_{2c}(t)$ 均为高斯型噪声，故 $x_1(t)$ 的抽样值 $x_1 = a + n_{1c}$ 是均值为 a、方差为 σ_n^2 的高斯随机变量；$x_2(t)$ 的抽样值 $x_2 = n_{2c}$ 是均值为 0、方差为 σ_n^2 的高斯随机变量。

当 $x_1 < x_2$ 时，将造成发送"1"码而错判为"0"码，错误概率 $P(0/1)$ 为

$$P(0/1) = P(x_1 < x_2) = P(x_1 - x_2 < 0) = P(z < 0) \qquad (6.2\text{-}23)$$

式中，$z = x_1 - x_2$。显然，z 也是高斯随机变量，且均值为 a，方差为 σ_n^2，其一维概率密度函数可以表示为

$$f(z) = \frac{1}{\sqrt{2\pi}\,\sigma_z} \exp\left\{ -\frac{(z-a)^2}{2\sigma_z^2} \right\} \qquad (6.2\text{-}24)$$

$f(z)$ 的曲线如图 6-16 所示。$P(z < 0)$ 即为图中阴影部分的面积。于是

$$P(0/1) = P(z < 0) = \int_{-\infty}^{0} f(z)\mathrm{d}z = \frac{1}{\sqrt{2\pi}\,\sigma_z} \int_{-\infty}^{0} \exp\left\{ -\frac{(z-a)^2}{2\sigma_z^2} \right\} \mathrm{d}z$$

$$= \frac{1}{2\sqrt{\pi}\,\sigma_n} \int_{-\infty}^{0} \exp\left\{ -\frac{(z-a)^2}{4\sigma_n^2} \right\} \mathrm{d}z = \frac{1}{2}\mathrm{erfc}\sqrt{\frac{r}{2}}$$

式中，$r = \dfrac{a^2}{2\sigma_n^2}$ 为图 6-15 中分路滤波器输出端的信噪

功率比。

同理可得，发送"0"码而错判为"1"码的概率 $P(1/0)$ 为

$$P(1/0) = P(x_1 > x_2) = \frac{1}{2}\mathrm{erfc}\sqrt{\frac{r}{2}} \qquad (6.2\text{-}25)$$

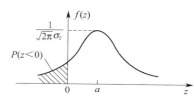

图 6-16　z 的一维概率密度函数

于是 2FSK 信号采用同步检测法解调时系统的总误码率 P_e 为

$$P_e = P(1)P(0/1) + P(0)P(1/0) = \frac{1}{2}\mathrm{erfc}\sqrt{\frac{r}{2}}\left[P(1) + P(0)\right] = \frac{1}{2}\mathrm{erfc}\sqrt{\frac{r}{2}} \qquad (6.2\text{-}26)$$

在大信噪比条件下，即 $r \gg 1$ 时，式(6.2-26) 可近似表示为

$$P_e \approx \frac{1}{\sqrt{2\pi r}} \mathrm{e}^{-r/2} \qquad (6.2\text{-}27)$$

2）包络检波法的系统性能

由于一路 2FSK 信号可视为两路 2ASK 信号，所以，2FSK 信号也可以采用包络检波法解调。性能分析模型如图 6-17 所示。

与同步检测法解调相同，接收端上下支路两个带通滤波器的输出波形 $y_1(t)$ 和 $y_2(t)$ 分别表示为式(6.2-17) 和式(6.2-18)。

若在（0，T_b）发送"1"符号，则 $y_1(t)$ 和 $y_2(t)$ 分别为

$$y_1(t) = [a + n_{1c}(t)]\cos\omega_1 t - n_{1s}(t)\sin\omega_1 t = \sqrt{[a + n_{1c}(t)]^2 + n_{1s}^2(t)}\cos[\omega_1 t + \varphi_1(t)]$$

$$= v_1(t)\cos[\omega_1 t + \varphi_1(t)] \qquad (6.2\text{-}28)$$

$$y_2(t) = n_{2c}(t)\cos\omega_2 t - n_{2s}(t)\sin\omega_2 t = \sqrt{n_{2c}^2(t) + n_{2s}^2(t)}\cos[\omega_2 t + \varphi_2(t)]$$

$$= v_2(t)\cos[\omega_2 t + \varphi_2(t)] \qquad (6.2\text{-}29)$$

由于 $y_1(t)$ 具有正弦波加窄带噪声形式，故其包络 $v_1(t)$ 的抽样值 v_1 的一维概率密度函数呈广义瑞利分布；$y_2(t)$ 为窄带噪声，故其包络 $v_2(t)$ 的抽样值 v_2 的一维概率密度函数呈瑞利分布。显然，当 $v_1 < v_2$ 时，会发生将"1"码错判为"0"码的错误。该错误概率 $P(0/1)$ 就是发"1"时 $v_1 < v_2$ 的概率。经计算，得

$$P(0/1) = P(v_1 < v_2) = \frac{1}{2}e^{-r/2} \qquad (6.2\text{-}30)$$

式中，$r = \dfrac{a^2}{2\sigma_n^2}$ 为图 6-17 中分路滤波器输出端的信噪功率比。

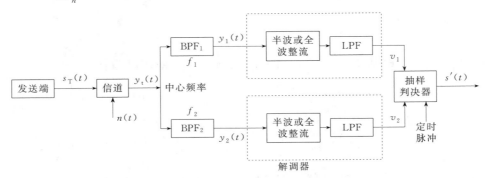

图 6-17　2FSK 信号采用包络检测法性能分析模型

同理可得，发送 "0" 码而错判为 "1" 码的概率 $P(1/0)$ 就是发 "0" 时 $v_1 > v_2$ 的概率。经计算，得

$$P(1/0) = P(v_1 > v_2) = \frac{1}{2}e^{-r/2} \qquad (6.2\text{-}31)$$

于是可得 2FSK 信号采用包络检波法解调时系统的误码率为

$$P_e = P(1)P(0/1) + P(0)P(1/0) = \frac{1}{2}e^{-r/2}\left[P(1) + P(0)\right] = \frac{1}{2}e^{-r/2} \qquad (6.2\text{-}32)$$

由式(6.2-32) 可见，包络检波法解调时 2FSK 系统的误码率将随输入信噪比的增加而呈指数规律下降。

将同步检测法（相干解调）和包络检波法（非相干解调）系统的误码率进行比较，可知：

① 输入信噪比 r 一定时，相干解调的误码率小于非相干解调的误码率；当系统的误码率一定时，相干解调比非相干解调对输入信号的信噪比要求低。所以相干解调 2FSK 系统的抗噪声性能优于非相干解调。但当输入信号的信噪比 r 很大时，两者的差别不很明显。

② 相干解调时，需要插入两个相干载波，电路较为复杂。包络检波无需相干载波，因而电路较为简单。一般而言，大信噪比时常用包络检波法解调，小信噪比时常用相干解调，这与 2ASK 情况相同。

6.3　数字相位调制

数字相位调制又称为相移键控（PSK），是利用高频载波的相位变化来传递数字信息的。二进制相移键控记为 2PSK。根据载波相位表示数字信息的方式不同，相移键控分为绝对相移键控（PSK）和相对相移键控（DPSK）两种。

6.3.1　2PSK 信号的调制原理

绝对相移键控是利用载波的相位（指初始相位）直接表示数字信息的相移方式。在二进制绝对相移键控（2PSK）中，通常用初始相位 0 和 π 分别表示二进制信息"1"和"0"。因此，2PSK 信号的时域表达式为

$$s_{2\text{PSK}}(t) = s(t)\cos\omega_c t \tag{6.3-1}$$

这里，$s(t)$ 与 2ASK 及 2FSK 时不同，为双极性数字基带信号，即

$$s(t) = \sum_n a_n g(t - nT_b) \tag{6.3-2}$$

式中，$g(t)$ 是高度为 1、宽度为 T_b 的门函数，而 a_n 为

$$a_n = \begin{cases} +1 & \text{概率为 } P & \text{发送"0"} \\ -1 & \text{概率为}(1-P) & \text{发送"1"} \end{cases} \tag{6.3-3}$$

因此，在某一个码元持续时间 T_b 内观察时，有

$$s_{2\text{PSK}}(t) = \pm\cos\omega_c t = \cos(\omega_c t + \varphi_i), \varphi_i = 0 \text{ 或 } \pi \tag{6.3-4}$$

2PSK 信号的波形如图 6-18 所示。

2PSK 信号的调制方框图如图 6-19 所示。图 6-19(a) 是产生 2PSK 信号的模拟调制法框图，图 6-19(b) 是产生 2PSK 信号的键控法框图。

与 2ASK 信号的产生方法相比较，只是对 $s(t)$ 的要求不同，在 2ASK 中 $s(t)$ 是单极性的，而在 2PSK 中 $s(t)$ 是双极性的基带信号。

2PSK 信号属于 DSB 信号，它的解调，不再能采用包络检测的方法，只能进行相干

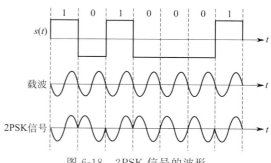

图 6-18　2PSK 信号的波形

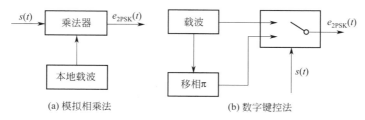

(a) 模拟相乘法　　　　　(b) 数字键控法

图 6-19　2PSK 信号调制器原理框图

解调。由于 2PSK 信号实际是以一个固定初相的未调制载波为参考的，因此，解调时必须要有一个与此同频同相的同步载波。如果同步载波的相位发生变化，如 0 相位变为 π 相位，或者 π 相位变为 0 相位，则解调出的数字基带信号与发送的数字基带信号正好相反，即"0"变为"1"，或者"1"变为"0"，从而造成错误的恢复。这种因本地参考载波倒相，而在接收端发生错误恢复的现象称为"倒 π"现象或"反相工作"。绝对相移的主要缺点是容易产生相位模糊，造成反相工作，这也是它在实际应用中很少采用的主要原因。为了解决上述问题，可以采用 6.3.2 节中将要讨论的相对相移键控（DPSK）体制。

6.3.2　2DPSK 信号的调制原理

前面讨论的 2PSK 信号中，相位变化是以未调载波的相位作为参考基准的。由于它利用载波相位的绝对数值表示数字信息，所以又称为绝对相移。已经指出，2PSK 相干解调时，

由于载波恢复中相位有 0、π 模糊性，导致解调过程出现"反向工作"现象，恢复出的数字信号"1"和"0"倒置，从而使 2PSK 难以实际应用。为了克服此缺点，提出了二进制相对相移键控（2DPSK）方式。

2DPSK 是利用前后相邻码元的载波相对相位变化传递数字信息。假设 $\Delta\varphi$ 为当前码元与前一码元的载波相位差，可定义一种数字信息与 $\Delta\varphi$ 之间的关系为

$$\Delta\varphi = \begin{cases} 0 & \text{表示数字信息"0"} \\ \pi & \text{表示数字信息"1"} \end{cases} \tag{6.3-5}$$

于是，可以将一组二进制数字信息与其对应的 2DPSK 信号的载波相位关系示例如下：

二进制数字信息：　　 1　 1　 0　 1　 0　 0　 1　 1　 0

2DPSK 信号相位：（0）π　 0　 0　 π　 π　 π　 0　 π　 π

　　　　　或（π）0　 π　 π　 0　 0　 0　 π　 0　 0

相应的 2DPSK 信号的典型波形如图 6-20 所示。数字信息与 $\Delta\varphi$ 之间的关系也可定义为

$$\Delta\varphi = \begin{cases} 0 & \text{表示数字信息"1"} \\ \pi & \text{表示数字信息"0"} \end{cases} \tag{6.3-6}$$

由此示例可知，对于相同的基带数字信息序列，由于序列初始码元的参考相位不同，2DPSK 信号的相位可以不同。也就是说，2DPSK 信号的相位并不直接代表基带信号，而前后码元相对相位的差才唯一决定信息符号。

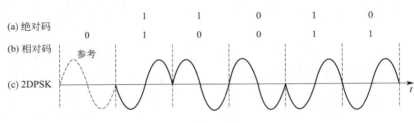

图 6-20　2DPSK 信号波形图

2DPSK 信号的产生方法可以通过观察图 6-20 得到一种启示：先对二进制数字基带信号进行差分编码，即把表示数字信息序列的绝对码 $\{a_n\}$ 变换成相对码 $\{b_n\}$（差分码），然后再根据相对码进行绝对调相，从而产生二进制相对相移键控信号。2DPSK 信号调制器原理框图如图 6-21 所示。

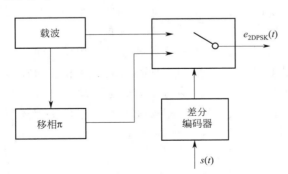

图 6-21　2DPSK 信号调制器原理框图

绝对码 $\{a_n\}$ 和相对码 $\{b_n\}$ 是可以相互转换的，其转换关系为

$$b_n = a_n \oplus b_{n-1} \tag{6.3-7}$$

$$a_n = b_n \oplus b_{n-1} \tag{6.3-8}$$

这里，$\oplus$ 表示模 2 和。并将绝对码变成相对码的方法称为差分编码，把相对码变为绝对码的方法称为差分译码。

2DPSK 信号的解调方法之一是相干解调（极性比较法）加码反变换法。其解调原理是：对 2DPSK 信号进行相干解调，恢复出相对码，再经码反变换器变换为绝对码，从而恢复出发送的二进制数字信息。在解调过程中，

由于载波相位模糊性的影响，使得解调出的相对码也可能是"1"和"0"倒置，但经差分译码（码反变换）得到的绝对码不会发生任何倒置的现象，从而解决了载波相位模糊性带来的问题。

6.4　二进制数字调制系统性能比较

第 1 章中已经指出，衡量一个数字通信系统性能好坏的指标有多种，但最为主要的是有效性和可靠性。基于前面的讨论，下面将针对二进制数字调制系统的误码率性能、频带宽度及频带利用率、对信道的适应能力等方面的性能作一简要的比较。通过比较，可以为在不同的应用场合选择什么样的调制和解调方式提供一定的参考依据。

1）误码率

误码率是衡量一个数字通信系统性能的重要指标。表 6-1 列出了各种二进制数字调制系统误码率公式。

表 6-1　二进制数字调制系统误码率及信号带宽

名称	2DPSK	2PSK	2FSK	2ASK
相干检测	$\mathrm{erfc}\sqrt{r}$	$\frac{1}{2}\mathrm{erfc}\sqrt{r}$	$\frac{1}{2}\mathrm{erfc}\sqrt{\frac{r}{2}}$	$\frac{1}{2}\mathrm{erfc}\sqrt{\frac{r}{4}}$
相干检测 $r\gg1$	$\frac{1}{\sqrt{\pi r}}e^{-r}$	$\frac{1}{2\sqrt{\pi r}}e^{-r}$	$\frac{1}{\sqrt{2\pi r}}e^{-\frac{r}{2}}$	$\frac{1}{\sqrt{\pi r}}e^{-\frac{r}{4}}$
非相干检测	$\frac{1}{2}e^{-r}$	×	$\frac{1}{2}e^{-\frac{r}{2}}$	$\frac{1}{2}e^{-\frac{r}{4}}$
带宽	$\frac{2}{T_b}$	$\frac{2}{T_b}$	$|f_2-f_1|+\frac{2}{T_b}$	$\frac{2}{T_b}$

表 6-1 中所有计算误码率的公式都仅是 r 的函数。式中，$r=a^2/(2\sigma_n^2)$ 是解调器输入端的信号噪声功率比。

2）频带宽度

各种二进制数字调制系统的频带宽度也示于表 6-1 中，其中 T_b 为传输码元的时间宽度。

从表 6-1 中可以看出，2ASK 系统和 2PSK 系统（2DPSK）系统频带宽度相同，均为 $2/T_b$，是码元传输速率 $R_B=1/T_b$ 的 2 倍；2FSK 系统的频带宽度近似为 $|f_2-f_1|+2/T_b$，大于 2ASK 系统和 2PSK 系统（2DPSK）系统的频带宽度。因此，从频带利用率上看，2FSK 调制系统最差。

3）对信道特性变化的敏感性

信道特性变化的灵敏度对最佳判决门限有一定的影响。在 2FSK 系统中，是比较两路解调输出的大小来作出判决的，不需人为设置的判决门限。在 2PSK 系统中，判决器的最佳判决门限为 0，与接收机输入信号的幅度无关。因此，判决门限不随信道特性的变化而变化，接收机总能工作在最佳判决门限状态。对于 2ASK 系统，判决器的最佳判决门限为 $A/2$，

当 $[P(1)=P(0)]$ 时，它与接收机输入信号的幅度 A 有关。当信道特性发生变化时，接收机输入信号的幅度将随之发生变化，从而导致最佳判决门限随之变化。这时，接收机不容易保持在最佳判决门限状态，误码率将会增大。因此，从对信道特性变化的敏感程度上看，2ASK 调制系统最差。

通过以上几个方面对各种二进制数字调制系统进行比较可以看出，在选择调制和解调方式时，要考虑的因素是比较多的。只有对系统要求做全面的考虑，并且抓住其中最主要的因素才能做出比较正确的选择。如果抗噪声性能是主要的，则应考虑相干 2PSK 和 2DPSK，而 2ASK 最不可取；如果带宽是主要的因素，则应考虑 2PSK、相干 2PSK、2DPSK 和 2ASK，而 2FSK 是不可取的。目前，在高速数据传输中，相干 PSK 和 DPSK 用得较多，而在中、低速数据传输中，特别是衰落信道中，相干 2FSK 用得较为广泛。

6.5 多进制数字调制

在二进制数字调制中，每个码元只传输 1bit 信息，频带利用率最高为 1bit/（s·Hz）。为了提高频带利用率，最有效的办法是采用多进制数字调制。用多进制的数字基带信号调制载波，就可以得到多进制数字调制信号。通常，将多进制的数目 M 取为 $M=2^n$。当携带信息的参数分别为载波的幅度、频率或相位时，数字调制信号为 M 进制幅度键控（MASK）、M 进制频移键控（MFSK）或 M 进制相移键控（MPSK）。

当信道频带受限时，采用 M 进制数字调制可以增大信息传输速率，提高频带利用率。

6.5.1 多进制数字幅度调制（MASK）

在 M 进制的幅度键控信号中，载波幅度有 M 种取值。当基带信号的码元间隔为 T_b 时，M 进制幅度键控信号的时域表达式为

$$s_{MASK}(t)=\left[\sum_n a_n g(t-nT_b)\right]\cos\omega_c t \tag{6.5-1}$$

式中，$g(t)$ 为基带信号的波形；ω_c 为载波的角频率；a_n 为幅度值，a_n 有 M 种取值。

由式（6.5-1）可知，MASK 信号相当于 M 电平的基带信号对载波进行双边带调幅，其可以看成是由时间上互不相容的 $M-1$ 个不同振幅值的 2ASK 信号的叠加。所以，MASK 信号的功率谱便是这 $M-1$ 个信号的功率谱之和。尽管叠加后功率谱的结构是复杂的，但就信号的带宽而言，当码元速率 R_B 相同时，MASK 信号的带宽与 2ASK 信号的带宽相同，都是基带信号带宽的 2 倍。但是 M 进制基带信号的每个码元携带有 $\log_2 M$ 比特信息。这样在带宽相同的情况下，MASK 信号的信息速率是 2ASK 信号的 $\log_2 M$ 倍。或者说，在信息速率相同的情况下，MASK 信号的带宽仅为 2ASK 信号的 $1/\log_2 M$。

MASK 的调制方法与 2ASK 相同，但是首先要把基带信号由二电平变为 M 电平。将二进制信息序列分为 n 个一组，$n=\log_2 M$，然后变换为 M 电平基带信号。M 电平基带信号对载波进行调制，便可得到 MASK 信号。由于是多电平调制，所以要求调制器在调制范围内是线性的，即已调信号的幅度与基带信号的幅度成正比。

MASK 调制中最简单的基带信号波形是矩形。

MASK 信号的解调可以采用包络检波或相干解调方法，其原理与 2ASK 信号的解调完

全相同。

6.5.2　多进制数字相位调制（MPSK）

1）MPSK 信号的表达

在 M 进制相移键控中，载波相位有 M 种取值。当基带信号的码元间隔为 T_b 时，MPSK 信号可表示为

$$s_{\text{MPSK}}(t)=\sqrt{\frac{2E_s}{T_b}}\cos(\omega_c t+\varphi_i)\quad i=0,1,\cdots,M-1 \tag{6.5-2}$$

式中，E_s 为信号在一个码元间隔内的能量；ω_c 为载波角频率；φ_i 为有 M 种取值的相位。

MPSK 信号仅用相位携带基带信号的数字信息，由于一般都是在 $0\sim2\pi$ 范围内等间隔划分相位的（这样造成的平均差错概率将最小），因此相邻相位差值为

$$\Delta\theta=\frac{2\pi}{M} \tag{6.5-3}$$

MPSK 信号是相位不同的等幅信号，所以可以用矢量图对 MPSK 信号进行形象而简单的描述。在矢量图中通常以 0 相位载波作为参考矢量。当初始相位 $\theta=0$ 和 $\theta=\pi/M$ 时，矢量图有不同的形式。2PSK 信号的载波相位只有 0 和 π 两种取值，或者只有 $\frac{\pi}{2}$ 和 $\frac{3\pi}{2}$ 两种取值，它们分别对应于数字"1"和数字"0"。4PSK 时，4 种相位为 0，$\frac{\pi}{2}$，π 和 $\frac{3\pi}{2}$，或者 $\frac{\pi}{4}$，$\frac{3\pi}{4}$，$\frac{5\pi}{4}$，$\frac{7\pi}{4}$，它们分别对应于数字"11""01""00"和"10"。不同初始相位 θ 的 MPSK 信号原理上没有差别，只是实现方法稍有不同。

2）MPSK 信号的调制

在 MPSK 信号的调制中，随着 M 值的增加，相位之间的相位差减小，使系统的可靠性降低。因此 MPSK 调制中最常用的是 4PSK 和 8PSK。

4PSK 又称 QPSK。QPSK 信号的产生方法有正交调制法、相位选择法和插入脉冲法，后两种方法的载波采用方波。

QPSK 正交调制器将输入的串行二进制码经串并变换，分为两路速率减半的序列，电平发生器分别产生双极性二电平信号 $I(t)$ 和 $Q(t)$，然后分别对同相载波 $\cos\omega_c t$ 和正交载波 $\sin\omega_c t$ 进行调制，相加后即得到了 QPSK 信号。

3）MPSK 信号的解调

MPSK 信号可以用两个正交的本地载波信号实现相干解调。以 QPSK 为例，同相支路和正交支路分别设置两个相关器。QPSK 信号同时送到解调器的两个信道，在相乘器中与对应的载波相乘，并从中取出基带信号送到积分器，在 $0\sim2T_b$ 时间内积分，分别得到 $I(t)$ 和 $Q(t)$，再经抽样判决和并串变换即可恢复原始信息。

6.5.3　多进制数字频率调制（MFSK）

在 MFSK 中，载波频率有 M 种取值。MFSK 信号的表达式为

$$s_{\mathrm{MPSK}}(t)=\sqrt{\frac{2E_s}{T_b}}\cos\omega_i t, 0\leqslant t\leqslant T_b, i=0,1,\cdots,M-1 \qquad (6.5\text{-}4)$$

式中，E_s 为信号在一个码元间隔内的能量；ω_i 为载波角频率，有 M 种取值。

MFSK 调制可用频率选择法实现，二进制信息经串并变换后形成 M 种形式，通过逻辑电路分别控制 M 个振荡源。MFSK 信号通常用非相干解调。

本章小结

数字基带信号不能直接通过带通信道传输，需将数字基带信号变换成数字频带信号。频带信号是指经过调制后的信号，频带传输指数字基带信号经调制后在信道中传输。

用数字基带信号去控制高频载波的幅度、频率或相位，称为数字调制。相应的传输方式称为数字信号的频带传输。

数字调制方式主要有三种：幅度调制，称为幅度键控，记为 ASK；频率调制，称为频率键控，记为 FSK；相位调制，称为相位键控，记为 PSK。

所谓"键控"是指一种如同"开关"控制的调制方式。

2ASK 信号，其幅度按调制信号取 0 或 1 有两种取值。

2ASK 的信号带宽为 $B=2f_s$，2FSK 信号带宽为 $B=|f_2-f_1|+2f_s$，2PSK 信号带宽为 $B=2f_s$。可见，2ASK、2PSK 信号带宽相同，小于 2FSK 信号带宽。

2ASK 解调方式有两种：相干解调和非相干解调。

2FSK 解调思路是将二进制频率键控信号分解成两路 2ASK 信号分别进行解调，有相干解调和非相干解调两种方式。

2PSK 是利用载波固定的某一相位来表示数字信号。2DPSK 中，码元的相位不直接代表基带信号，相邻码元的相位差才代表基带信号。

习题

6-1　什么是 2ASK 调制？2ASK 信号的调制与解调方式有哪些？其工作原理是什么？

6-2　什么是 2FSK 调制？2FSK 信号的调制与解调方式有哪些？其工作原理是什么？

6-3　什么是绝对相移键控？什么是相对相移键控？它们之间有什么共同点和不同点？

6-4　试比较 2ASK 信号、2FSK 信号、2PSK 信号和 2DPSK 信号的抗噪声性能。

6-5　简述幅度键控、频率键控和相位键控三种调制方式各自的主要优缺点。

6-6　已知某 2ASK 系统的码元速率为 1200b/s，载频为 2400Hz，若发送的数字信息序列为 011011010，试画出 2ASK 信号的波形图并计算其带宽。

6-7　已知 2ASK 系统的传码率为 1000b/s，调制载波为 $A\cos 140\pi\times10^6 t$ V，求 2ASK 信号频带宽度。

6-8　在 2ASK 系统中，已知码元速率 $R_B=2\times10^6$B，信道噪声为加性高斯白噪声，其双边功率谱密度 $n/2=3\times10^{-18}$ W/Hz，接收端解调器输入信号的振幅 $a=40\mu$V。

（1）若相干解调，试求系统的误码率。

（2）若采用非相干解调，试求系统的误码率。

6-9　已知 2FSK 系统的信息速率为 1200b/s，发 "0" 时载频为 2400Hz，发 "1" 时载频为 4800Hz，若发送的数字信息序列为 011011010，试画出 2FSK 信号波形图并计算其带宽。

6-10　已知数字信息为 1101001，并设码元宽度是载波周期的两倍，试画出绝对码、相对码、2PSK 信号、2DPSK 信号的波形。

6-11　若载频为 2400Hz，信息速率为 1200 b/s，发送的数字信息序列 010110，试画出 $\Delta\varphi_n=270°$，代表 "0" 码，$\Delta\varphi_n=90°$，代表 "1" 码的 2DPSK 信号波形。

第7章

差错控制编码

【内容提要】本章主要介绍信道编码的作用及几种常用的信道编码。首先介绍了信源编码和信道编码的基本概念，然后介绍了简单的差错控制编码，最后介绍线性分组码、循环码和卷积码的相关知识点。

7.1 概　　述

7.1.1　信源编码与信道编码的基本概念

设计通信系统的目的就是把信源产生的信息有效可靠地传送到目的地。在数字通信系统中，为了提高数字信号传输的有效性而采取的编码称为信源编码；为了提高数字通信的可靠性而采取的编码称为信道编码。

1）信源编码

信源可以有各种不同的形式，例如在无线广播中，信源一般是一个语音源（语音或音乐）；在电视广播中，信源主要是活动图像的视频信号源。这些信源的输出都是模拟信号，所以称之为模拟源。而数字通信系统设计为传送数字形式的信息，所以，这些模拟源如果想利用数字通信系统进行传输，就需要将模拟信息源的输出转化为数字信号，而这个转化过程就称为信源编码。

在移动通信系统中，信源编码（语音编码）决定了接收到的语音的质量和系统容量，其目的就是在保持一定算法复杂程度和通信时延的前提下，运用尽可能少的信道容量，传送尽可能高的语音质量。目前较为常用的语音编码形式有：脉冲编码调制（PCM）、差分脉冲编码调制（DPCM）、自适应差分脉冲编码调制（ADPCM）、增量调制（ΔM）等。

2）信道编码（差错控制编码）

在实际信道传输数字信号的过程中，引起传输差错的根本原因在于信道内存在的噪声以及信道传输特性不理想所造成的码间串扰。为了提高数字传输系统的可靠性，降低信息传输的差错率，可以利用均衡技术消除码间串扰，利用增大发射功率、降低接收设备本身的噪声、选择好的调制与解调方法、加大天线的方向性等措施，提高数字传输系统的抗噪性能，但是上述措施也只能将差错减少至一定程度。要进一步提高数字传输系统的可靠性，就需要采用差错控制编码，对可能或已经产生的差错进行控制。差错控制编码是在信息序列上附加一些监督码元，利用这些冗余的码元，使原来不规律的或规律性不强的原始数字信号变为有规律的数字信号，差错控制译码则利用这些规律性来鉴别传输过程是否发生错误，或进而纠正错误。

7.1.2 纠错编码的分类

在差错控制系统中，信道编码存在着多种实现方式，同时信道编码也有多种分类方法。

① 按照信道编码的不同功能，可以将信道编码分为检错码和纠错码。纠正码可以纠正误码，当然同时具有检错的能力，当发现不可纠正的错误时可以发出错误提示。

② 按照信息码元和监督码元之间的检验关系，可以将信道编码分为线性码和非线性码。若信息码元与监督码元之间的关系为线性关系，即满足一组线性方程式，称为线性码；否则，称为非线性码。

③ 按照信息码元和监督码元之间的约束方式不同，可以将信道编码分为分组码和卷积码。在分组码中，编码后的码元序列每 n 位分为一组，其中 k 位信息码元，r 个监督位，$r=n-k$。监督码元仅与本码字中的信息码元有关。卷积码则不同，监督码元不但与本信息码元有关，而且与前面码字的信息码元也有约束关系。

④ 按照信息码元在编码后是否保持原来的形式，可以将信道编码分为系统码和非系统码。在系统编码中，编码后的信息码元保持原样不变，而非系统码中的信息码元则发生了变化。

⑤ 按照纠正错误的类型不同，可以将信道编码分为纠正随机错误码和纠正突发错误码。前者主要用于发生零星独立错误的信道，而后者用于对付以突发错误为主的信道。

⑥ 按照信道编码所采用的数学方法不同，可以将信道编码分为代数码、几何码和算术码。

随着数字通信系统的发展，可以将信道编码器和调制器统一起来综合设计，这就是所谓的网格编码调制。同时将卷积码和随机交织器结合在一起，实现了随机编码的思想，并利用多次迭代方案进行译码，设计出了 Turbo 编码技术。

7.1.3 差错控制方式

在差错控制系统中，常用的差错控制方式主要有三种：前向纠错（FEC）、检错重发（ARQ）和混合纠错（HEC）。它们的结构如图 7-1 所示。图中有斜线的方框图表示在该端进行错误的检测。

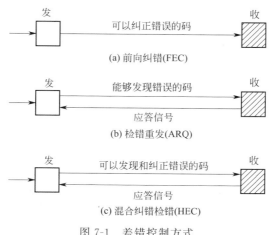

图 7-1 差错控制方式

前向纠错系统中，发送端经编码发出能够纠正错误的码组，接收端收到这些码组后，通过译码能自动发现并纠正传输中的错误。前向纠错方式只要求正向信道，因此特别适合于只能提供单向信道的场合，同时也适合一点发送多点接收的同播方式。由于能自动纠错，不要求检错重发，因而接收信号的延时小，实时性好。为了使纠错后获得低差错率，纠错码应具有较强的纠错能力，但纠错能力愈强，编译码设备愈复杂。

检错重发系统中，发送端经编码后发出能够检错的码，接收端收到后进行检验，再通过反向信道反馈给发送端一个应答信号。发送端在收到应答信号后进行分析，如果是接收端认为有错，发送端就将储存在缓冲存储器中的原有码组复本读出后重新传输，直到接收端认为已正确收到信息为止。典型系统检错重发方式的原理框图如图 7-2 所示。

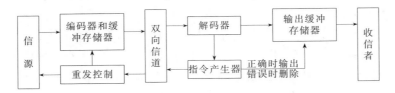

图 7-2　ARQ 系统组成方框图

基于上述分析，检错重发（ARQ）的优点主要表现在：

① 只需要少量的冗余码，就可以得到极低的输出误码率；

② 使用的检错码基本上与信道的统计特性无关，有一定的自适应能力。

同时它也存在某些不足，主要表现在：

① 需要反向信道，故不能用于单向传输系统，并且实现重发控制比较复杂；

② 当信道干扰增大时，整个系统有可能处于重发循环中，因而通信效率低，不适合严格实时传输系统。

混合纠错方式是前向纠错方式和检错重发方式的结合，其内层采用 FEC 方式，纠正部分差错；外层采用 ARQ 方式，重传那些虽已检出但未纠正的差错。混合纠错方式在实时性和译码复杂性方面是前向纠错和检错重发方式的折中，较适合于环路延迟大的高速数据传输系统。

在实际应用中，上述几种差错控制方式应根据具体情况进行合理选用。

7.1.4　纠错编码的基本原理

前已提及，信道编码的基本思想是在被传送的信息中附加一些监督码元，在两者之间建立某种校验关系，当这种校验关系因传输错误而受到破坏时，可以被发现并予以纠正。这种检错和纠错能力是用信息量的冗余度来换取的。

下面我们以三位二进制码组为例，说明检错纠错的基本原理。三位二进制码元共有 8 种可能的组合：000、001、010、011、100、101、110、111。如果这 8 种码组都可传递消息，若在传输过程中发生一个误码，则一种码组会错误地变成另一种码组。由于每一种码组都可能出现，没有多余的信息量，因此接收端不可能发现错误，以为发送的就是另一种码组。但若我们只选其中 000、011、101、110 这 4 种码组（这些码组称为许用码组）来传送消息，这相当于只传递 00、01、10、11 四种信息，而第 3 位是附加的。这位附加的监督码元与前面两位码元一起，保证码组中"1"码的个数为偶数。除上述 4 种许用码组以外的另外 4 种

126

码组不满足这种校验关系，称为禁用码组，在编码后的发送码元中是不可能出现的。接收时一旦发现这些禁用码组，就表明传输过程中发生了错误。用这种简单的校验关系可以发现一个和三个错误，但不能纠正错误。例如，当接收到的码组为 010 时，可以断定这是禁用码组，但无法判断原来是哪个误组。虽然原发送码组为 101 的可能性很小（因为发生三个误码的情况极少），但不能绝对排除，即使传输过程中只发生一个误码，也有三种可能的发送码组：000、011 和 110。如果进一步将许用码组限制为两种：000 和 111，则不难看出，用这种方法可以发现所有两个以下的误码，如用来纠错，则可纠正一位错误。

在信道编码中，定义码组中非零码元的数目为码组的重量，简称码重。例如 010 码组的码重为 1，011 码组的码重为 2。把两个码组中对应码位上具有不同二进制码元的位数定义为两码组的距离，称为汉明（Hamming）距，简称码距。在上述三位码组例子中，8 种码组均为许用码组时，两码组间的最小距离为 1，称这种编码的最小码距为 1，常记作 $d_{min}=1$。

一种编码的最小码距直接关系到这种码的检错和纠错能力，因此最小码距是信道编码的一个重要参数。在一般情况下，对于分组码有以下结论。

（1）在一个码组内检测 e 个误码，要求最小码距

$$d_{min} \geq e+1 \tag{7.1-1}$$

（2）在一个码组内纠正 t 个误码，要求最小码距

$$d_{min} \geq 2t+1 \tag{7.1-2}$$

（3）在一个码组内纠正 t 个误码，同时检测 $e(e \geq t)$ 个误码，要求最小码距

$$d_{min} \geq t+e+1 \tag{7.1-3}$$

7.2　简单的差错控制编码

本节介绍几种简单的检错码，这些信道编码很简单，但有一定的检错能力，且易于实现，因此得到了广泛应用。

7.2.1　奇偶监督码

这是一种最简单也是基本的检错码，又称奇偶校验码。编码方法是把信息码元先分组，在每组最后加一位监督码元，使该码中 1 的数目为奇数或偶数，奇数时称为奇校验码，偶数时称为偶校验码，统称奇偶校验码。例如信息码元每两位一组，加一位校验位，使码组中 1 的总数为 0 或 2，即构成偶校验码。这时许用码组为 000、011、101、110；禁用码组为 001、010、100、111。接收端译码时，对各码元进行模 2 加运算，其结果应为 0。如果传输过程中码组中任何一位发生了错误，则收到的码组必定不再符合偶校验的条件，因而能发现错误。

一般情况下，奇偶校验码的编码规则可以用公式表示。设码组长度为 n，表示为 a_{n-1}、a_{n-2}、a_{n-3}、$\cdots$、a_0。其中前 $n-1$ 位为信息位，第 n 位为校验位，则偶校验时有

$$a_0 \oplus a_1 \oplus \cdots \oplus a_{n-1}=0 \tag{7.2-1}$$

奇校验时有

$$a_0 \oplus a_1 \oplus \cdots \oplus a_{n-1}=1 \tag{7.2-2}$$

不难看出，这种奇偶校验只能发现单个和奇数个错误，而不能检测出偶数个错误。因此

它的检错能力不高，但是由于该码的编码方法简单且实用性很强，所以很多计算机数据传输系统及其他编码标准都采用了这种编码。

7.2.2 行列监督码

行列监督码又称水平垂直一致监督码或二维奇偶监督码，有时还被称方阵码，它是在上述奇偶校验码的基础上形成的。将奇偶校验码的若干码组排列成矩阵，每一码组写成一行，然后再按列的方向增加第二维校验位，如图 7-3 所示。图中 $a_0^1 a_0^2 \cdots a_0^m$ 为 m 行奇偶监督码中的 m 个监督位，$c_{n-1} c_{n-2} \cdots c_0$ 为按列进行第二次编码所增加的监督位，n 个监督位构成了一监督位行。

$$
\begin{array}{ccccc}
a_{n-1}^1 & a_{n-2}^1 & \cdots & a_1^1 & a_0^1 \\
a_{n-1}^2 & a_{n-2}^2 & \cdots & a_1^2 & a_0^2 \\
\vdots & \vdots & \vdots & \vdots & \vdots \\
a_{n-1}^m & a_{n-2}^m & \cdots & a_1^m & a_0^m \\
c_{n-1} & c_{n-2} & \cdots & c_1 & c_0
\end{array}
$$

图 7-3 行列监督码

除了能检出所有行和列中的奇数个差错以外，方阵码有更强的检错能力。虽然每行的监督位 a_0^1，a_0^2，$\cdots$，a_0^m 不能用于检验本行中的偶数个错码，但按列的方向有可能由 c_{n-1}，c_{n-2}，$\cdots$，c_0 等监督位检测出来，这样就能检出大多数偶数个差错。此外，方阵码对检测突发错码也有一定的适应能力。因为突发错码常常成串出现，随后有较长一段无错区间，所以在某一行中出现多个奇数或偶数错码的机会较多，而行校验和列校验的共同作用正适合于这种码。前述的一维奇偶监督码一般只适用于检测随机的零星错码。

7.2.3 恒比码

恒比码是从某确定码长的码组中挑选那些 1 和 0 的比例为恒定值的码组作为许用码。在检测时，只要计算接收码组中 1 的数目是否正确，就可知道有无错误。

若码长为 n，码重为 w，则此码的码字个数为 C_n^w，禁用码字数为 $2^n - C_n^w$。该码的检错能力较强，除对换差错（1 和 0 成对的产生错误）不能发现外，其他各种错误均能发现。

7.3 线性分组码

7.3.1 线性分组码的基本概念

线性分组码是分组码中最重要的一类码，用（n，k）表示，其中 n 表示码长，k 表示信息位数目，$n-k=r$ 表示校验位数目，作用是实现检错与纠错。当分组码的信息码元与监督码元之间的关系为线性关系时，这种分组码就称为线性分组码。

1）校验矩阵与生成矩阵

要从 n 重的所有组合 2^n 中选出（n，k）线性分组码的 2^k 个码字集合，其实就是建立

$n-k$ 个独立的线性方程，由 k 个信息位求得 $n-k$ 个校验位，由该方程组可得到 $(n，k)$ 线性分组码的一致校验矩阵 H。H 是一个 $(n-k) \times n$ 阶矩阵，由 $n-k$ 行和 n 列组成，可表示为：

$$H = \begin{bmatrix} h_{1.n-1} & h_{1.n-2} & \cdots & h_{1.0} \\ h_{2.n-1} & h_{2.n-2} & \cdots & h_{2.0} \\ \vdots & \vdots & \vdots & \vdots \\ h_{n-k.n-1} & h_{n-k.n-2} & \cdots & h_{n-k.0} \end{bmatrix} \tag{7.3-1}$$

满足：

$$H \cdot C_i^{\mathrm{T}} = 0^{\mathrm{T}} (i=1,2,\cdots,.2^k) \tag{7.3-2}$$

式中，C_i^{T} 是码字 $C_i = (C_{n-1}，C_{n-2}，\cdots，C_1，C_0)$ 的转置，0 是一个全为零的 $n-k$ 重，H 矩阵的每一行代表求某一个校验位的线性方程组的系数，且各行之间线性独立，每一列代表对应该列的码元与哪几个校验方程有关。

$(n，k)$ 线性分组码的 2^k 个码字是 n 维线性空间中的一个 k 维子空间 V_{nk} 中的所有矢量，则 V_{nk} 完全可由其中的 k 个独立矢量 C_1、C_2、$\cdots$、C_k 组成的基底生成，这组基底矢量是

$$C_1 = (g_{1.n-1}，g_{1.n-2}，\cdots，g_{1.0})$$
$$C_2 = (g_{2.n-1}，g_{2.n-2}，\cdots，g_{2.0})$$
$$C_k = (g_{k.n-1}，g_{k.n-2}，\cdots，g_{k.0}) \tag{7.3-3}$$

写成矩阵形式，并

$$G = \begin{bmatrix} g_{1.n-1} & g_{1.n-2} & \cdots & g_{1.0} \\ g_{2.n-1} & g_{2.n-2} & \cdots & g_{2.0} \\ \vdots & \vdots & \vdots & \vdots \\ g_{k.n-1} & g_{k.n-2} & \cdots & g_{k.0} \end{bmatrix} \tag{7.3-4}$$

为 $(n，k)$ 码的生成矩阵，由生成矩阵 G 生成的码字，如果信息位以不变的形式出现在该码的任意 k 位中，则该码字为系统码，系统码形式是码字左边 k 位是信息位，由此，系统码的生成矩阵 G 可表示成：

$$G = [I_k | P]$$

$$= \begin{bmatrix} 1 & 0 & 0 & \cdots & 0 & g_{1.n-k-1} & \cdots & g_{1.0} \\ 0 & 1 & 0 & \cdots & 0 & g_{2.n-k-1} & \cdots & g_{2.0} \\ \vdots & \vdots & \vdots & \vdots & \vdots & \vdots & \vdots & \vdots \\ 0 & 0 & 0 & \cdots & 1 & g_{k.n-k-1} & \cdots & g_{k.0} \end{bmatrix} \tag{7.3-5}$$

从生成矩阵 G 可以看出：

① G 中的每一行为一个码字；

② $(n，k)$ 线性分组码的所有 2^k 个码字都是由生成矩阵 G 的每一行线性组合生成；

③ 由式 (7.3-2) 可以知道一定有：$G \cdot H^{\mathrm{T}} = 0$。

2）伴随式与译码

设发送的线性分组码 $(n，k)$ 的码字 $C = (C_{n-1}，C_{n-2}，\cdots，C_1，C_0)$ 通过有扰信

道，信道产生的错误图样 $E=(e_{n-1}, e_{n-2}, \cdots, e_1, e_0)$，则接收端译码器收到的 n 重 $R=C+E$，由于 (n, k) 线性分组码的每一码字都满足 $C \cdot H^T=0$，因此，

$$R \cdot H^T=(C+E) \cdot H^T$$
$$=C \cdot H^T+E \cdot H^T=E \cdot H^T \tag{7.3-6}$$

从上式可以看出，只要 $E=0$，则 $R \cdot H^T=0$，如果 $E \neq 0$，则 $R \cdot H^T \neq 0$，这说明 $R \cdot H^T$ 只与错误图样有关，而与发送的码字无关。令：

$$S=R \cdot H^T=E \cdot H^T \tag{7.3-7}$$

称为接收码字的伴随式。

由式(7.3-1) 知道，(n, k) 码的校验矩阵为

$$H=\begin{bmatrix} h_{1,n-1} & h_{1,n-2} & \cdots & h_{1,0} \\ h_{2,n-1} & h_{2,n-2} & \cdots & h_{2,0} \\ \vdots & \vdots & \vdots & \vdots \\ h_{n-k,n-1} & h_{n-k,n-2} & \cdots & h_{n-k,0} \end{bmatrix}$$
$$=\begin{bmatrix} h_{n-1}^T & h_{n-2}^T & \cdots & h_0^T \end{bmatrix} \tag{7.3-8}$$

其中 h_{n-i}^T $(i=1, 2, \cdots, n)$ 是 H 矩阵的第 i 列，它是一个 $n-k$ 重列矢量，设 (n, k) 码的错误图样 E 为：

$$E=(e_{n-1}, e_{n-2}, \cdots, e_0) \tag{7.3-9}$$

则相对于接收码字中有错误的各位 e_i $(i=0, 1, 2, \cdots, n-1)$，取值为 1，无错各位的 e_i 取值为 0，若 (n, k) 码的纠错能力为 t，则最多有 t 个 e_i 取值为 1，使得接收码字中对应的 e_i 的错误比特可以得到纠正，由

$$S=E \cdot H^T$$
$$=(e_{n-1}, e_{n-2}, \cdots, e_0)\begin{bmatrix} h_{n-1} \\ h_{n-2} \\ \vdots \\ h_0 \end{bmatrix}$$
$$=e_{n-1}h_{n-1}+e_{n-2}h_{n-2}+\cdots+e_0 h_0 \tag{7.3-10}$$

可以看出 S 是 H 矩阵中 $e_i \neq 0$ 那些列 h_i 的线性组合。

根据定理，任一个 (n, k, d) 线性分组码，若要纠正小于等于 t 个错误，其充要条件是 H 矩阵中任何 $2t$ 列线性无关，由于 $d=2t+1$，所以也相当于要求 H 矩阵中 $d-1$ 列线性无关。因此可以知道，一个 (n, k) 码若能纠正小于等于 t 个错误，则小于等于 t 个错误的所有可能组合的错误图样必然有不同的伴随式 S 与之对应。

7.3.2　汉明码

汉明码是一种能够纠正单个错误的线性分组码。它有以下特点：

① 最小码距 $d_{min}=3$ 可以纠正一位错误；

② 码长 n 与监督码元个数 r 之间满足关系式：$n=2^r-1$。

如果要产生一个系统汉明码，可以将矩阵 H 转换成典型形式的监督矩阵，得到相应的生成矩阵 G。通常二进制汉明码可以表示为

$$(n,k)=(2^r-1,2^r-1-r) \tag{7.3-11}$$

7.4　循 环 码

7.4.1　循环码的特性

循环码是线性分组码中最重要、最有用的一类，是线性分组码的一个子集，它具有完整的代数结构，编码和译码可以用具有反馈级联的移位寄存器来实现。它满足循环移位特性。所谓循环移位特性是指：循环码中任一许用码组经过循环移位后，所得到的码组仍然是许用码组。若 $(a_{n-1}, a_{n-2}, \cdots, a_0)$ 为一循环码组，则 $(a_{n-2}, a_{n-3}, \cdots, a_{n-1})$、$(a_{n-3}, a_{n-4}, \cdots, a_{n-2})$、$\cdots$ 还是许用码组。也就是说，无论是左移还是右移，也无论移多少位，仍然是许用的循环码组。

一个码字的移位最多能得到 $n-1$ 个新码字，因此循环码字并不意味着循环码可以从一个码字循环而得。一个 (n,k) 循环码有 2^k 个码字，可能是由几个码字循环得到的几组码字，但它们都是同一基底的线性组合。

7.4.2　循环码的生成多项式和生成矩阵

1）循环码的生成多项式

循环码中次数最低的码多项式（全 0 码字除外）称为生成多项式，用 $g(x)$ 表示。可以证明生成多项式具有以下特性：

① $g(x)$ 是一个常数项为 1 的 $r=n-k$ 次多项式；

② $g(x)$ 是 x^n+1 的一个因式，该循环码中其他码多项式都是 $g(x)$ 的倍式；

③ 对于任意一个 (n,k) 循环码必有 $g(x)h(x)=0$ 或 $GH^{\mathrm{T}}=0$。

若选 $g(x)=x^3+x+1$ 或 $g(x)=x^3+x^2+1$，则可构造出两个不同的 $(7,4)$ 循环码，由此可知，只要知道了 x^n+1 的因式分解式，用它的各个因式的乘积，便能得到很多个不同的循环码。

当循环码的生成多项式 $g(x)$ 确定时，码就完全确定了。

若已知 $g(x)=g_{n-k}x^{n-k}+g_{n-k-1}x^{n-k-1}+\cdots+g_1x+g_0$

并设信息码元多项式 $m(x)=m_{k-1}x^{k-1}+m_{k-1}x^{k-1}+\cdots+g_1x+g_0$

要编码成系统循环码形式，即码字的最左边 k 位是信息元，其余 $n-k$ 位是校验元。则要用 x^{n-k} 乘以 $m(x)$，再加上校验元多项式 $r(x)$，这样得到的码字多项式 $c(x)$ 为：

$$c(x)=x^{n-k}m(x)+r(x)$$

$$=m_{k-1}x^{n-1}+m_{k-2}x^{n-2}+\cdots+m_0x^{n-k}+r_{n-k-1}x^{n-k-1}+\cdots+r_1x+r_0$$

其中 $r(x)=r_{n-k-1}x^{n-k-1}+\cdots+r_1x+r_0$ \hfill (7.4-1)

$c(x)$ 一定是 $g(x)$ 的倍式，即有

$$c(x)=x^{n-k}m(x)+r(x)=q(x)g(x) \tag{7.4-2}$$

或 $\qquad c(x)=x^{n-k}m(x)+r(x)=0, \bmod g(x)$ \hfill (7.4-3)

注意到 $g(x)$ 为 $n-k$ 次多项式，而 $r(x)$ 最多为 $n-k-1$ 次多项式，必有

$$r(x) = x^{n-k}m(x), \bmod g(x) \tag{7.4-4}$$

即 $r(x)$ 必是 $x^{n-k}m(x)$ 除以 $g(x)$ 的余式。因此，系统循环码的编码过程就变成用除法求余的问题。

2）循环码的生成矩阵

循环码的生成矩阵可以很容易地由生成多项式得到。由于 $g(x)$ 为 $n-k$ 阶多项式，以与此相对应的码字作为生成矩阵中的一行，则 $g(x)$，$x^2 g(x)$，$\cdots$，$x^{k-1}g(x)$ 等多项式必定是线性无关的。把这 k 个多项式相对应的码字作为各行构成的矩阵即为生成矩阵，由各行的线性组合可以得到 2^k 个循环码字。

非系统码的生成矩阵

$$G(x) = \begin{bmatrix} x^{k-1}g(x) \\ x^{k-2}g(x) \\ \vdots \\ g(x) \end{bmatrix} \tag{7.4-5}$$

输入信息码元为 $(m_{k-1}m_{k-2}\cdots m_0)$ 时，相应的循环码组多项式为：

$$
\begin{aligned}
T(x) &= (m_{k-1}m_{k-2}\cdots m_0)G(x) \\
&= (m_{k-1}x^{k-1} + m_{k-2}x^{k-2} + \cdots + m_0)g(x) \\
&= M(x)g(x)
\end{aligned}
\tag{7.4-6}
$$

由式(7.4-6) 得到的码组不是系统码。系统码的生成矩阵必须为典型形式 $[I_k，Q]$。其中 I_k 为单位矩阵。例如，已知（7，4）循环码的生成多项式为 $g(x) = x^3 + x^2 + 1$，可按下面的推导过程求出非系统码生成矩阵。

$$G(x) = \begin{bmatrix} x^3(x^3 + x^2 + 1) \\ x^2(x^3 + x^2 + 1) \\ x(x^3 + x^2 + 1) \\ (x^3 + x^2 + 1) \end{bmatrix} \tag{7.4-7}$$

所以，

$$G = \begin{bmatrix} 1 & 1 & 0 & 1 & 0 & 0 & 0 \\ 0 & 1 & 1 & 0 & 1 & 0 & 0 \\ 0 & 0 & 1 & 1 & 0 & 1 & 0 \\ 0 & 0 & 0 & 1 & 1 & 0 & 1 \end{bmatrix} \tag{7.4-8}$$

系统码可定义为，$(n，k)$ 系统码的码组中前 k 个比特是信息比特，后 $n-k$ 个比特是循环监督位。在系统码中，码组应该具备如下的形式：

$$
\begin{aligned}
T(X) &= m_{k-1}x^{n-1} + m_{k-2}x^{n-2} + \cdots + m_0 x^{n-k} + r(x) \\
&= (m_{k-1}x^{k-1} + m_{k-2}x^{k-2} + \cdots + m_0)x^{n-k} + r(x) \\
&\equiv M(x)g(x)
\end{aligned}
\tag{7.4-9}
$$

其中，$r(x)$ 的次数小于 $n-k-1$。

实际上，上式表示了如何生成系统码，即将信息码多项式升 $n-k$ 次，然后以 $g(x)$ 为模，求出余式 $r(x)$。例如，已知（7，4）循环码的生成多项式为 $g(x) = x^3 + x^2 + 1$，求其系统码的生成矩阵。因此选择信息多项式 x^3，x^2，x。将 x^3 提升 $n-k=3$ 次，得到 x^6，求 x^6 除以 $g(x)$ 的余式得到

$$x^6 \equiv x^2 + x \bmod g(x)$$

$$x^5 \equiv x + 1 \bmod g(x)$$

$$x^4 \equiv x^2 + x + 1 \bmod g(x)$$

$$x^3 \equiv x^2 + 1 \bmod g(x) \qquad (7.4\text{-}10)$$

因此，系统码的生成矩阵为：

$$G(x) = \begin{bmatrix} x^6 + x^2 + x \\ x^5 + x + 1 \\ x^4 + x^2 + x + 1 \\ x^3 + x^2 + 1 \end{bmatrix} \qquad (7.4\text{-}11)$$

表示成矩阵形式，得到：

$$G = \begin{bmatrix} 1 & 0 & 0 & 0 & 1 & 1 & 0 \\ 0 & 1 & 0 & 0 & 0 & 1 & 1 \\ 0 & 0 & 1 & 0 & 1 & 1 & 1 \\ 0 & 0 & 0 & 1 & 1 & 0 & 1 \end{bmatrix} \qquad (7.4\text{-}12)$$

7.4.3　循环码的编码与译码方法

1）编码过程

在编码时，首先需要根据给定的循环码的参数确定生成多项式 $g(x)$，也就是从 $x^n + 1$ 的因子中选一个 $(n-k)$ 次多项式作为 $g(x)$；然后，利用循环码的编码特点，即所有循环码多项式都可以被 $g(x)$ 整除，来定义生成多项式。

根据上述原理可以得到一个较简单的系统循环码编码方法：设需要产生 (n,k) 循环码，$m(x)$ 表示信息多项式，则其次数必小于 k，而 $x^{n-k}m(x)$ 的次数必小于 n，用 $x^{n-k}m(x)$ 除以 $g(x)$，可得余数 $r(x)$，$r(x)$ 的次数必小于 $(n-k)$，将 $r(x)$ 加到信息位后监督位，就得到了系统循环码，下面将以上步骤加以处理。

① 用 x^{n-k} 乘 $m(x)$。这一运算实际上是把信息码后附加上 $(n-k)$ 和"0"。例如：信息码为 110，它相当于 $m(x) = x^2 + x$。当 $n-k = 7 - 3 = 4$ 时，$x^{n-k}m(x) = x^6 + x^5$，它相当于 1100000。而希望得到的系统循环码多项式应是 $c(x) = x^{n-k}m(x) + r(x)$。

② 求 $r(x)$。由于循环码多项式 $c(x)$ 都可以被 $g(x)$ 整除，也就是

$$\frac{c(x)}{g(x)} = Q(x) = \frac{x^{n-k}m(x) + r(x)}{g(x)} = \frac{x^{n-k}m(x)}{g(x)} + \frac{r(x)}{g(x)} \qquad (7.4\text{-}13)$$

因此，用 $x^{n-k}m(x)$ 除以 $g(x)$，就得到商 $Q(x)$ 和余式 $r(x)$，即

$$\frac{x^{n-k}m(x)}{g(x)} = Q(x) + \frac{r(x)}{g(x)} \qquad (7.4\text{-}14)$$

③ 编码输出系统循环码多项式 $c(x)$ 为

$$c(x) = x^{n-k}m(x) + r(x) \qquad (7.4\text{-}15)$$

【例 7-1】　对于（7，3）循环码，若 $g(x) = x^4 + x^2 + x + 1$，请对信息码（110）进行循环编码。

解：信息码（110）对应的码多项式为 $m(x) = x^2 + x$，则 $x^{n-k}m(x) = x^6 + x^5$，利用式(7.4-14)计算监督多项式 $r(x)$，即

$$\frac{x^{n-k}m(x)}{g(x)}=\frac{x^6+x^5}{x^4+x^2+x+1}=(x^2+x+1)+\frac{x^2+1}{x^4+x^2+x+1} \tag{7.4-16}$$

也就是得到 $r(x)=x^2+1$，利用式(7.4-15)得循环码多项式

$$c(x)=x^{n-k}m(x)+r(x)=x^6+x^5+x^2+1$$

因此，对应的循环码输出为：1100101。

2）译码过程

对于接收端译码的要求通常有两个：纠错与检错。达到检错目的的译码十分简单，可以由式(7.4-13)，通过判断接收到的码组多项式 $B(x)$ 是否能被生成多项式 $g(x)$ 整除作为证据。当传输中未发生错误时，也就是接收的码组与发送的码组相同，即 $c(x)=B(x)$，则接收的码组 $B(x)$ 必能被 $g(x)$ 整除。若传输中发生了错误，则 $c(x)\neq B(x)$，$B(x)$ 不能被 $g(x)$ 整除。因此，可以根据余项是否为零来判断码组中有无错码。

需要指出的是，有错码的接收码组也有可能被 $g(x)$ 整除，这时的错码就不能检出了。这种错误被称为不可检错误，不可检错误中的错码数必将超过这种编码的检错能力。

在接收端为纠错而采用的译码方法自然比检错要复杂许多，因此，对纠错码的研究大都集中在译码算法上。因校正子与错误图样之间存在某种对应关系。如同其他线性分组码，循环码的译码可分三步进行：

① 由接收到大码多项式 $B(x)$ 计算校正子（伴随式）多项式 $S(x)$；

② 由校正子 $S(x)$ 确定错误图样 $E(x)$；

③ 将错误图样 $E(x)$ 与 $B(x)$ 相加，纠正错误。

上述第①步运算和检错译码类似，也就是求解 $B(x)$ 整除 $g(x)$ 的余式，第③步也很简单。因此，纠错码译码器的复杂性主要取决于译码过程的第②步。

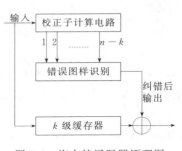

图7-4 梅吉特译码器原理图

基于错误图样识别的译码器称为梅吉特译码器，它的原理图如图7-4所示。错误图样识别器是一个具有 $(n-k)$ 个输入端的逻辑电路，原则上可以采用查表的方法，根据校正子找到错误图样，利用循环码的上述特性可以简化识别电路。梅吉特译码器特别适合于纠正2个以下的随机独立错误。

图7-4中 k 级缓存器用于存储系统循环码的信息码元，模2加电路用于纠正错误。当校正子为0时，模2加来自错误图样识别电路的输入端为0，输出缓存器的内容；当校正子不为0时，模2加来自错误图样识别电路的输入端在第 i 位输出为1，它可以使缓存器输出取补，即纠正错误。

7.5 卷 积 码

7.5.1 卷积码的基本概念

前面讨论的是分组码。为了达到一定的纠错能力和编码效率，分组码的编码长度 n 比较大，但 n 增大时译码的时延也随之增大。卷积码则是另一类编码，它是非分组码。在编码过程中，卷积码充分利用了各组之间的相关性，信息码的码长 k 和卷积码的码长 n 都比较

小，因此其性能在许多实际应用情况下优于分组码，而且设备也较简单。通常它更适于前向纠错，在高质量的通信设备中已得到广泛应用。

与分组码不同，卷积码中编码后的 n 个码元不仅与当前段的 k 个信息有关，而且与前面的（$N-1$）段的信息有关，编码过程中相互关联的码元为 nN 个。通常把这 N 段时间内码元数目 nN 称为这种码的约束长度。卷积码的纠错能力随着 N 的增加而增大，在编码器复杂程度相同情况下，卷积码的性能优于分组码。另一点不同的是：分组码有严格的代数结构，但卷积码至今尚未找到如此严密的数学手段，把纠错性能与码的结构十分有规律地联系起来，目前大多采用计算机来搜索好码。

7.5.2　卷积码的编码与译码

下面通过一个例子来简要说明卷积码的编码工作原理。正如前面已经指出的那样，卷积码编码器在一段时间内输出的 n 位码，不仅与本段时间内的 k 位信息位有关，而且还与前面 m 段规定时间内的信息位有关，这里的 $m=N-1$ 通常用（n，k，m）表示卷积码。图 7-5 就是一个卷积码编码器的实例，该卷积码的 $n=2$，$k=1$，$m=2$，因此，它的约束长度 $nN=n\times(m+1)=2\times3=6$。

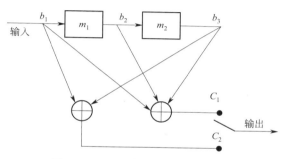

图 7-5　（2，1，2）卷积码编码器

在图 7-5 中，m_1 与 m_2 为移位寄存器，它们的起始状态均为零。C_1、C_2 与 b_1、b_2、b_3 之间的关系如下：

$$C_1=b_1+b_2+b_3$$
$$C_2=b_1+b_3 \tag{7.5-1}$$

假如输入的信息为 $D=[11010]$，为了使信息 D 全部通过移位寄存器，还必须在信息位后面加 3 个零。表 7-1 列出了对信息 D 进行卷积编码时的状态。

表 7-1　信息 D 进行卷积编码时的状态

输入信息 D	1	1	0	1	0	0	0	0
b_3b_2	00	01	11	10	01	10	00	00
输出 C_1C_2	11	01	01	00	10	11	00	00

描述卷积码的方法有两类，即图解表示和解析表示。解析表示较为抽象难懂，而用图解表示法描述卷积码就简单明了。常用的图解描述法包括树状图、网格图和状态图等。

卷积码的译码方法可分为代数译码和概率译码两大类。代数译码利用编码本身的代数结构进行译码，而不考虑信道的统计特性。该方法的硬件实现简单，但性能较差。其中具有典型意义的是门限译码。它的译码方法是从线性译码的校正子出发，找到一组特殊的能够检查信息位置是否发生错误的方程组，实现纠错译码。概率译码建立在最大似然准则的基础上，在计算时用到了信道的统计特性，所以提高了译码性能，但同时增加了硬件的复杂性，常用的概率译码方法有维特比译码和序列译码。

维特比译码的基本思想是把已经接收到的序列与所有可能的发送序列相比较，选择其中汉明距离最小的一个发送序列作为译码输出。维特比译码的复杂性随发送序列的长度按指数增大，在实际应用中需要采用一些措施进行简化。目前维特比译码已经得到了广泛的应用。序列译码在硬件和性能方面介于门限译码和维特比译码之间，适用于约束长度很大的卷积码。

本章小结

差错控制编码的基本思想是通过对信息序列做某种变换，使原来彼此独立、没有相关性的信息码元序列，经过某种变换后，产生某种规律性（相关性），从而在接收端有可能根据这种规律性来检查，进而纠正传输序列中的差错。

循环码是一种线性分组码，它除了具有线性分组码的封闭性之外，还具有循环特性。

卷积码又称连环码，它与分组码不同，是一种非分组码，在同等码率和相似的纠错能力下，卷积码的实现往往要比分组码简单。

习 题

7-1 最小码距与纠、检错能力的关系是怎样的？

7-2 已知 8 个码组为 000000、001110、010101、011011、100011、101101、110110、111000，求该码组的最小码距。

7-3 上题给出的码组若用于检错，能检出几位错码？若用于纠错，能纠正几位错码？

7-4 已知 (7，3) 线性分组码的生成矩阵为

$$G = \begin{bmatrix} 1 & 0 & 0 & 0 & 1 & 1 & 1 \\ 0 & 1 & 0 & 1 & 1 & 1 & 0 \\ 0 & 0 & 1 & 1 & 1 & 0 & 1 \end{bmatrix}$$

求：(1) 所有的码字。

(2) 监督矩阵 H。

(3) 最小码距及纠、检错能力。

(4) 编码效率。

7-5 已知 (15，5) 循环码的生成多项式 $g(x) = x^{10} + x^8 + x^5 + x^4 + x^2 + x + 1$，求信息码 10011 所对应的循环码。

第 8 章

同步系统

【内容提要】本章主要介绍同步的概念及基本原理。首先介绍了同步的基本概念及分类，然后着重介绍了载波同步、码元同步、群同步及网同步的基本原理。

8.1 同步的概念及分类

在通信系统中，发同步器、收同步器分别为发射机、接收机提供各种同步信号，使收、发设备能步调一致地进行工作，从而确保信息的正确传输。可见，同步是通信系统（特别是数字通信系统）中非常重要的问题。

所谓同步，是指在通信系统中接收端必须具有或达到与发送端一致的参数标准。例如，收、发两端时钟一致；收、发两端载波频率和相位的一致；收发两端帧和复帧的一致等。通信系统中同步种类很多，按照其功能和作用可以分为载波同步、码元同步、群同步和网同步四种。

1）载波同步

载波同步又称载波恢复，即在接收设备中产生一个和接收信号的载波同频同相的本地振荡，供给解调器作相干解调用。可见，载波同步是实现相干解调的先决条件。因此，在接收设备中需要有载波同步电路，以提供相干解调所需的相干载波；相干载波必须与接收信号的载波严格地同频同相。

2）码元同步

在接收数字信号时，为了对接收码元积分以求得码元的能量以及对每个接收码元抽样判决，必须知道每个接收码元准确的起止时刻。这就是说，在接收端需要产生与接收码元严格同步的时钟脉冲序列，用它来确定每个码元的积分区间和抽样判决时刻。时钟脉冲序列是周期性的归零脉冲序列，其周期与接收码元周期相同，且相位和接收码元的起止时刻对正。当码元同步时此时钟脉冲序列和接收码元起止时刻保持着正确的时间关系。码元同步技术则是从接收信号中获取同步信息，使此时钟脉冲序列和接收码元起止时刻保持正确关系的技术。对于二进制码元而言，码元同步又称为位同步。

3）群同步

群同步又称帧同步或字符同步。在数字通信中，通常用若干个码元表示一定的意义。例如：用 7 个二进制码元表示一个字符，因此在接收端需要知道组成这个字符的 7 个码元的起止位置；在采用分组码纠错的系统中，需要将接收码元正确分组，才能正确地解码；在扩谱通信系统中也需要帧同步脉冲来划分扩谱码的完整周期。又如，传输数字图像时，必须知道一帧图像信息码元的起始和终止位置才能正确恢复这帧图像。为此，在绝大多数情况下，必须在发送信号中插入辅助同步信息，即在发送数字信号序列中周期性地插入标示一个字符或一帧图像码元的起止位置的同步码元，否则接收端将无法识别连续数字序列中每个字符或每一帧的起始码元位置。在某些特殊情况下，发送数字序列采用了特殊的编码，仅靠编码本身含有的同步信息，无需专设群同步码元，使接收端也能够自动识别码组的起止位置。

4）网同步

在由多个通信对象组成的数字通信网中，为了使各站点之间保持同步，还需要解决网同步问题。例如，在时分复用通信网中，为了正确地将来自不同地点的两路时分多路信号合并（复接）时，就需要调整两路输入多路信号的时钟，使之同步后才能合并。又如，在卫星通信网中，卫星上的接收机接收多个地球站发来的时分制信号时，各地球站需要随时调整其发送频率和码元时钟，以保持全网同步。

在模拟通信系统中有时也存在同步问题。例如，模拟电视信号是由很多行信号构成一帧的。为了正确区分各行和各帧，也必须在视频信号中加入行同步脉冲和帧同步脉冲。

在本章中仅就数字通信系统中的同步问题作介绍。

8.2　载波同步

8.2.1　直接法

有些信号，如 DSB、2PSK 等，虽然本身不直接含有载波分量，但经过某种非线性变换后，将具有载波的谐波分量，可从中提取出载波分量，产生与载波有关的信息，从而完成载波的提取和系统的同步，这就是直接法提取同步载波的基本原理。下面介绍几种常用于直接法的变换法。

1）平方变换法

此方法广泛用于建立抑制载波的双边带（DSB）信号和二相移相（2PSK）信号的载波同步。设调制信号 $x(t)$ 无直流分量，则抑制载波的双边带信号为

$$S_x(t) = x(t)\cos\omega_c t \tag{8.2-1}$$

接收端将该信号经过非线性变换——平方律部件后得到

$$e(t) = [x(t)\cos\omega_c t]^2 = \frac{x^2(t)}{2} + \frac{1}{2}x^2(t)\cos 2\omega_c t \tag{8.2-2}$$

由式(8.2-2)可以看出，虽然前面假设 $x(t)$ 中无直流分量，但 $x^2(t)$ 却一定含有直流分量。这是因为 $x^2(t)$ 必为大于等于零的数，因此，$x^2(t)$ 的均值也必大于零，而这个均值就是 $x^2(t)$ 的直流分量，这样 $e(t)$ 的第二项中就只包含有载波倍频 $2\omega_c$ 的频率分量。若用一窄带滤波器将 $2\omega_c$ 频率分量滤出，再进行二分频，就可获得所需的相干载波。基于这种构思的平方变换法提取载波的方框图如图 8-1 所示。

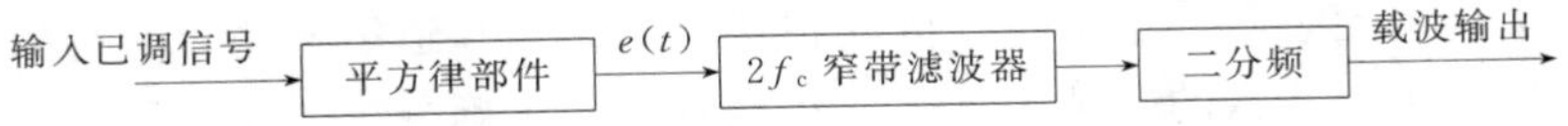

图 8-1　平方变换法提取载波方框图

若 $x(t) = \pm 1$，则抑制载波的双边带信号就称为 2PSK 信号，这时

$$e(t) = \frac{1}{2} + \frac{1}{2}\cos 2\omega_c t \tag{8.2-3}$$

因此，同样能通过图 8-1 所示的方法提取载波。

由于数字通信中经常使用多相移信号，可将上述方法推广以获取同步载波，即利用多次变换法从已调信号中提取载波信息。如以四相相移（4PSK）信号为例，图 8-2 就展示了从 4PSK 信号中提取同步载波的方法。

图 8-2　四次方变换法提取载波方框图

2）平方环法

当然，在实际中伴随信号一起进入接收机的还有加性高斯白噪声，为了改善平方变换法的性能，使恢复的相干载波更为纯净，图 8-1 中的窄带滤波器常用锁相环（PLL）来实现，如图 8-3 所示，称为平方环法。锁相环是一个相位负反馈控制系统，即利用输入信号与输出信号的相位误差去控制输出信号的频率，从而具有良好的频率跟踪、窄带滤波和记忆功能。因此，平方环法比一般的平方变换法具有更好的性能，在提取载波方面得到了较广泛的应用。

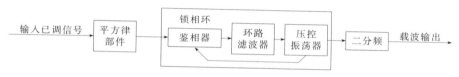

图 8-3　平方环法提取载波方框图

应当注意的是，在上面两个提取载波的方框图中都用了一个二分频电路，该电路对 $\cos(2\omega_c t + 0)$ 的分频与对 $\cos(2\omega_c t + 2\pi)$ 的分频是一致的，因此提取的载波可以是 $\cos\omega_c t$，也可以是 $\cos(\omega_c t + \pi)$，这样就存在 180°的相位模糊问题。相位模糊对模拟通信关系不大，因为人耳听不出相位的变化。但对数字通信的影响就不同了，它有可能使 2PSK 相干解调后出现"反向工作"的问题，为了克服相位模糊度对相干解调的影响，最常用而又有效的方法是对调制器输入的信息序列进行差分编码，即采用相对移相（2DPSK），并且在解调后进行差分译码来恢复信息。

3）同相正交法

同相正交法又称为科斯塔斯环，它的原理框图如图 8-4 所示。在此环路中，压控振荡器（VCO）提供两路互为正交的载波，与输入接收信号分别在同相和正交两个鉴相器中进行鉴相，经低通滤波之后的输出均含调制信号，两者相乘后可以消除调制信号的影响，经环路滤波器得到仅与相位差有关的控制压控，从而准确地对压控振荡器进行调整。

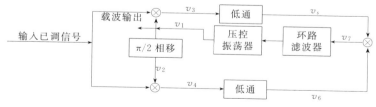

图 8-4　同相正交法提取载波方框图

设输入的抑制载波双边带信号为 $x(t)\cos\omega_c t$，并假定环路锁定，且不考虑噪声的影响，则 VCO 输出的两路互为正交的本地载波分别为

$$\left.\begin{aligned} v_1 &= \cos(\omega_c t + \theta) \\ v_2 &= \sin(\omega_c t + \theta) \end{aligned}\right\} \tag{8.2-4}$$

式中，θ 是压控振荡器输出信号与输入已调信号载波之间的相位误差。

那么，输入已调信号 $x(t)\cos\omega_c t$ 分别与 v_1、v_2 相乘后得

$$\left.\begin{aligned} v_3 &= x(t)\cos\omega_c t \cos(\omega_c t + \theta) = \frac{1}{2}x(t)[\cos\theta + \cos(2\omega_c t + \theta)] \\ v_4 &= x(t)\cos\omega_c t \sin(\omega_c t + \theta) = \frac{1}{2}x(t)[\sin\theta + \sin(2\omega_c t + \theta)] \end{aligned}\right\} \tag{8.2-5}$$

经低通滤波后的输出分别为

$$\left.\begin{aligned} v_5 &= \frac{1}{2}x(t)\cos\theta \\ v_6 &= \frac{1}{2}x(t)\sin\theta \end{aligned}\right\} \tag{8.2-6}$$

则乘法器的输出为

$$v_7 = v_5 v_6 = \frac{1}{4}x^2(t)\sin\theta\cos\theta = \frac{1}{8}x^2(t)\sin2\theta \approx \frac{1}{4}x^2(t)\theta \tag{8.2-7}$$

式(8.2-7) 中 v_7 的大小与相位误差 θ 成正比，因此，它就相当于一个鉴相器的输出。用它调整压控振荡器输出信号的相位和频率，最后就可以使稳态相位误差减小到很小的数值。此时，压控振荡器的输出 $v_1 = \cos(\omega_c t + \theta)$ 就是所需要提取的同步载波。不仅如此，当 θ 减小到很小的时候，式(8.2-6) 的 v_5 就接近于调制信号。因此，同相正交环法同时还具有解调功能，目前已应用在许多接收机中。

科斯塔斯环和平方环都是利用锁相环提取载波的常用方法，也都存在相位模糊的问题。科斯塔斯环与平方环相比，虽然电路上要复杂一些，但它的工作频率即为载波频率，而平方环的工作频率是载波频率的 2 倍，显然当载波频率很高时，工作频率较低的科斯塔斯环易于实现；其次，当环路正常锁定后，科斯塔斯环可直接获得解调输出，而平方环则没有这种功能。

8.2.2　插入导频法

在模拟通信中，抑制载波的双边带信号（如 DSB、等概的 2PSK）本身不含有载波成分，残留边带（VSB）信号虽含有载波分量，但很难从已调信号的频谱中把它分离出来。对这些信号的载波提取，可以用插入导频法（外同步法）。尤其是单边带（SSB）信号，它既没有载波分量又不能用直接法提取载波，只能用插入导频法。

插入导频法主要用于接收信号频谱中没有离散载频分量且在载频附近频谱幅度很小的情况。下面以 DSB 信号为例，讨论如何在发送端插入导频和在接收端提取同步载波。

1）在抑制载波的双边带信号中插入导频

插入导频的位置应该在信号频谱为零的位置，否则导频与已调信号频谱成分会重叠在一起，接收时不易取出。对于模拟调制的 DSB 信号或是 SSB 信号，在载频 f_c 附近信号频谱为零，但对于 2PSK 或 2DPSK 等数字调制信号，在 f_c 附近的信号频谱不仅有，而且比较大。因此，对于这样的数字信号，在调制以前先对基带信号进行相关编码。

　　插入导频法的发送端方框图如图 8-5 所示。设调制信号 $x(t)$ 中无直流分量，被调载波为 $a_c \sin\omega_c t$，将它经 90°移相形成插入导频 $-a_c \sin\omega_c t$，其中 a_c 是插入导频的振幅。于是输出信号为

$$u_o(t) = a_c x(t) \sin\omega_c t - a_c \cos\omega_c t \tag{8.2-8}$$

　　设接收端收到的新号与发送端输出信号相同，则接收端用一个中心频率为 f_c 窄带滤波器就可以提取导频 $-a_c \cos\omega_c t$，再将它移相 90°后得到与调制载波同频同相的相干载波 $a_c \sin\omega_c t$，接收端的解调方框图如图 8-6 所示。

图 8-5　插入导频法发送端框图

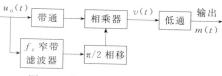

图 8-6　插入导频法接收端框图

　　接收端相乘器的输出为

$$
\begin{aligned}
v(t) &= [a_c x(t) \sin\omega_c t - a_c \cos\omega_c t] a_c \cos\omega_c t \\
&= \frac{a_c^2 x(t)}{2} - \frac{a_c^2 x(t)}{2} \cos 2\omega_c t - \frac{a_c^2}{2} \sin 2\omega_c t
\end{aligned} \tag{8.2-9}
$$

　　这样，将 $v(t)$ 经过低通滤除高频成分后，就可恢复调制信号 $x(t)$。然而，如果发送端加入的导频不是正交载波，而是调制载波，此时发送端的输出信号表示为

$$u_o(t) = a_c x(t) \sin\omega_c t + a_c \sin\omega_c t \tag{8.2-10}$$

　　则接收端用窄带滤波器取出 $a_c \sin\omega_c t$ 后直接作为同步载波，但此时经过相乘器和低通滤波器解调后输出为 $a_c^2 x(t)/2 + a_c^2/2$，多了一个不需要的直流成分 $a_c^2/2$，而这个直流成分通过低通滤波器会对数字信号产生影响，这就是发送端采用正交插入导频的原因。

2）直接法和插入导频法的比较

（1）直接法的优缺点主要表现在以下几个方面：

① 不占用导频功率，因此信噪功率比可以大一些；

② 可防止插入导频法中导频和信号间由于滤波不好而引起的互相干扰，也可以防止因信道不理想而引起的导频相位误差；

③ 有的调制系统不能用直接法，如 SSB 系统。

（2）插入导频法的优缺点主要表现在以下几个方面：

① 有单独的导频信号，一方面可以提取同步载波，另一方面可以利用它作为自动增益控制；

② 有些系统只能用插入导频法；

③ 插入导频法要多消耗一部分不带信息的功率，因此，与直接法比较，在总功率相同条件下实际信噪功率比还要小一些。

8.3　码元同步

　　在接收数字信号时，为了在准确的判决时刻对接收码元进行判决，以及对接收码元能量正确积分，必须得知接收码元的准确起止时刻。为此，需要获得接收码元起止时刻的信息，

从此信息产生一个码元同步脉冲序列，或称定时脉冲序列。

下面的讨论中将仅就二进制码元传输系统进行分析。码元同步可以分为两大类。第一类称为外同步法，它是一种利用辅助信息同步的方法，需要在信号中另外加入包含码元定时信息的导频或数据序列；第二类称为自同步法，它不需要辅助同步信息，直接从信息码元中提取出码元定时信息。显然，这种方法要求在信息码元序列中含有码元定时信息。

8.3.1 外同步法

外同步法又称辅助信息同步法。它在发送码元序列中附加码元同步用的辅助信息，以达到提取码元同步信息的目的。常用的外同步法是于发送信号中插入频率为码元速率（$1/T_b$）或码元速率的倍数的同步信号。在接收端利用一个窄带滤波器，将其分离出来，并形成码元定时脉冲。这种方法的优点是设备较简单；缺点是需要占用一定的频带宽带和发送功率。然而，在宽带传输系统中，例如多路电话系统中，传输同步信息占用的频带和功率为各路信号所分担，每路信号的负担不大，所以这种方法还是得到不少实用的。

在发送端插入码元同步信号的方法有多种。从时域考虑，可以连续插入，并随信息码元同时传输；也可以在每组信息码元之前增加一个"同步头"，由它在接收端建立码元同步，并用锁相环使同步状态在相邻两个"同步头"之间得以保持。从频域考虑，可以在信息码元频谱之外占用一段频谱专用于传输同步信息；也可以利用信息码元频谱中的"空隙"处，插入同步信息。

在数字通信系统中外同步法目前采用不多，下面着重讨论自同步法。

8.3.2 自同步法

自同步法不需要辅助同步信息，它分为两种，即开环同步法和闭环同步法。由于二进制单极性非归零（NRZ）码元序列中没有离散的码元速率频谱分量，故需要在接收时对其进行某种非线性变换，才能使其频谱中含有离散的码元速率频谱分量，并从中提取码元定时信息。在开环法中就是采用这种方法提取码元同步信息的。在闭环同步中，则用比较本地时钟周期和输入信号码元周期的方法，将本地时钟锁定在输入信号上。闭环法更为准确，但是也更为复杂。下面将对这两种方法分别作介绍。

1) 开环码元同步法

开环码元同步法也称为非线性变换同步法。在这种同步方法中，将解调后的基带接收码元先通过某种非线性变换，再送入一个窄带滤波电路，从而滤出码元速率的离散频率分量。在图 8-7 中给出了两个具体方案。在图 8-7(a) 中，给出的是延迟相乘法的原理方框图。这里用延迟相乘的方法作非线性变换，使接收码型得到变换。其中相乘器输入和输出的波形示于图 8-8 中。由图可见，延迟相乘后码元波形的后一半永远是正值；而前一半则当输入状态有改变时为负值。因此，变换后的码元序列的频谱中就产生了码元速率的分量。选择延迟时间，使其等于码元持续时间的一半，就可以得到最强的码元速率分量。

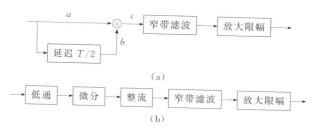

图 8-7　开环码元同步的两种方案

在图 8-7(b) 中给出了第二种方案。它采用的非线性
电路是一个微分电路。用微分电路去检测矩形码元脉冲的
边沿。微分电路的输出是正负窄脉冲，它经过整流后得到
正脉冲序列。此序列的频谱中就包含有码元速率的分量。
由于微分电路对于宽带噪声很敏感，所以在输入端加用一
个低通滤波器。但是，加用低通滤波器后又会使码元波形
的边沿变缓，使微分后的波形上升和下降也变慢。所以应
当对于低通滤波器的截止频率作折中选取。

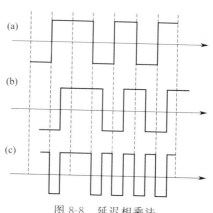

图 8-8　延迟相乘法

上述两种方案中，由于有随机噪声叠加在接收信
号上，使所提取的码元同步信息产生误差。这个误差
也是一个随机量，只要接收信噪比大，上述方案能保
证足够准确的码元同步。

2）闭环码元同步法

开环码元同步法的主要缺点是同步跟踪误差的平均值不等于零。使信噪比增大可以降低
此跟踪误差，但是因为是直接从接收信号波形中提取同步，所以跟踪误差永远不可能降为
零。闭环码元同步的方法是将接收信号和本地产生的码元定时信号相比较，使本地产生的定
时信号和接收码元波形的转变点保持同步。这种方法类似载频同步中的锁相环法。

广泛应用的一种闭环码元同步器称为超前/滞后门同步器，如图 8-9 所示。图中有两
个支路，每个支路都有一个与输入基带信号 $m(t)$ 相乘的门信号，分别称为超前门和滞后
门。设输入基带信号 $m(t)$ 为双极性不归零波形，两路相乘后的信号分别进行积分。通过
超前门的信号积分时间是从码元周期开始时间至 $(T-d)$。这里所谓的码元周期开始时
间，实际上是指环路对此时间的最佳估值，标称此时间为 0。通过滞后门信号的积分时间
晚开始 d，积分到码元周期的末尾，即标称时间 T。这两个积分器输出电压的绝对值之差
e 就代表接收端码元同步误差。它于是通过环路滤波器反馈到压控振荡器去校正环路的定
时误差。

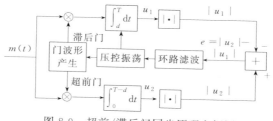

图 8-9　超前/滞后门同步原理方框图

图 8-10 为超前/滞后门同步器波形图。在完全同步状态下，这两个门的积分期间都全部在一个码元持续时间内，如图 8-10(a) 所示。所以，两个积分器对信号 $m(t)$ 的积分结果相等，故其绝对值相减后得到的误差信号 e 为零。这样，同步器就稳定在此状态。若压控振荡器的输出超前于输入信号码元 Δ，如图 8-10(b) 所示，则滞后门仍然在其全部积分期间 $(T-d)$ 内积分，而超前门的前 Δ 时间落在前一码元内，这将使码元波形突跳前后的 2Δ 时间内信号的积分值为零。因此，误差电压 $e=-2\Delta$，它使压控振荡器得到一个负的控制电压，压控振荡器的振荡频率从而减小，并使超前/滞后门受到延迟。同理可见，若压控振荡器的输出滞后于输入码元，则误差电压 e 为正值，使压控振荡器的振荡频率升高，从而使其输出提前。图 8-10 中画出的两个门的积分区间大约等于码元持续时间的 3/4。实际上，若此区间设计在等于码元持续时间的一半将能够给出最大的误差电压，即压控振荡器能得到最大的频率受控范围。

在上面讨论中已经假定接收信号中的码元波形有突跳边沿。若它没有突跳边沿，则无论有无同步时间误差，超前门和滞后门的积分结果总是相等，这样就没有误差信号去控制压控振荡器，故不能使用此法取得同步。这个问题在所有自同步法的码元同步器中都存在，在设计时必须加以考虑。此外，由于两个支路积分器的性能也不可能做得完全一样。这样将使本来应该等于零的误差值产生偏差；当接收码元序列中较长时间没有突跳边沿时，此误差值偏差持续地加在压控振荡器上，使振荡频率持续偏移，从而会使系统失去同步。

为了使接收码元序列中不会长时间地没有突跳边沿，可以在发送时对基带码元的传输码型作某种变换，例如改用 HDB$_3$ 码，使发送码元序列不会长时间地没有突跳边沿。

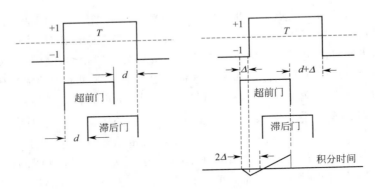

图 8-10　超前/滞后门同步器波形图

8.3.3　码元同步误差对于误码率的影响

在用匹配滤波器或相关器接收码元时，其积分器的积分时间长短直接和信噪比 E_b/n_0 有关。若积分区间比码元持续时间短，则积分的码元能量 E_b 显然下降，而噪声功率谱密度 n_0 却不受影响。由图 8-10 可以看出，在相邻码元有突变边沿时，若码元同步时间误差为 Δ，则积分时间将损失 2Δ，积分得到的码元能量将减小为 $E_b(1-2\Delta/T)$；在相邻码元没有突变边沿时，则积分时间没有损失。对于等概率随机码元信号，有突变的边沿和无突变的边沿各占 1/2。

群同步有时也称为帧同步，是建立在码元同步基础上的一种同步。码元同步保证了数字系统中收、发两端码元序列的同频同相，这可以为接收端提供各个码元的准确抽样判决时刻。数字通信时，一定数目的码元序列代表着一定的信息（如字母、符号或数字），通常总是以若干个码元组成一个"字"，若干个"字"组成一个"句"，即组成一个个的"群"或"帧"进行传输。因此，群同步信号的频率很容易由码元同步信号经分频得到。但是，每个群的开头和末尾时刻却无法由分频器的输出决定。这样，群同步的任务就是在码元同步的基础上识别出这些数字信息群（"字"或"句"）的起止时刻，或者说给出每个群的"开头"和"末尾"时刻，使接收设备的群定时与接收到的信号中的群定时处于同步状态。实现群同步，通常有两种方法：一类类似于载波同步和码元同步中的自同步法，是利用特殊的码元规律使码组本身自带分组信息；另一类是数字信息流中插入一个特殊码组，称为群同步码。群同步码的插入方法分为集中插入法和分散插入法。

8.4.1 集中插入法

集中插入法，又称连贯式插入法，是将标志码组开始位置的群同步码插入于一个码组的前面，如图 8-11（a）所示。这里的群同步码是一组符合特殊规律的码元，它出现在信息码元序列中的可能性非常小。接收端一旦检测到这个特定的群同步码组就马上知道了这组信息码元的"头"。所以这种方法适用于要求快速建立同步的地方，或间断传输信息并且每次传输时间很短的场合。检测到此特定码组时可以利用锁相环保持一定时间的同步。为了长时间地保持同步，则需要周期性地将这个特定码组插入于每组信息码元之前。

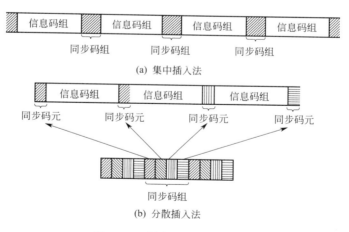

(a) 集中插入法

(b) 分散插入法

图 8-11 群同步码的插入方法

集中插入法的关键是寻找特殊的群同步码组。对群同步码的要求是：自相关特性曲线具有尖锐的单峰，以便容易地从接收码元序列中识别出来。这里，将有限长度码组的局部自相关函数定义如下：设有一个码组，它包含 n 个码元 $\{x_1, x_2, \cdots, x_n\}$，则其局部自相关函数（下面简称自相关函数）为

$$R(j) = \sum_{i=1}^{n-j} x_i x_{i+j} \quad (1 \leqslant i \leqslant n, j = \text{整数}) \tag{8.4-1}$$

式中，n 为码组中的码元数目；当 $1 \leqslant i \leqslant n$，$x_i = +1$ 或 -1，当 $i < 1$ 和 $i > n$ 时，$x_i = 0$。显然可见，当 $j = 0$ 时

$$R(0) = \sum_{i=1}^{n} x_i x_i = \sum_{i=1}^{n} x_i^2 = n \tag{8.4-2}$$

自相关函数的计算，实际上是计算两个相同的码组互相移位、相乘再求和。若一个码组的自相关函数仅在 $R(0)$ 处出现峰值，其他处的 $R(j)$ 值均很小，则可以用求自相关函数的方法寻找峰值，从而发现此码组并确定其位置。

目前常用的一种群同步码叫巴克码。设一个 n 位的巴克码组为 $\{x_1 x_2, \cdots, x_n\}$，则其自相关函数可以用下式表示：

$$R(j) = \sum_{i=1}^{n-j} x_i x_{i+j} = \begin{cases} n & j = 0 \\ 0, +1, -1 & 0 < j < n \\ 0 & j \geqslant n \end{cases} \tag{8.4-3}$$

式(8.4-3)表明，巴克码的 $R(0) = n$，而在其他处的自相关函数 $R(j)$ 的绝对值均不大于 1。这就是说，凡是满足式(8.4-3)的码组，就称为巴克码。

目前尚未找到巴克码的一般构造方法，只搜索到 10 组巴克码，其码组最大长度为 13，全部列在表 8-1 中。需要注意的是，在用穷举法寻找巴克码时，表 8-1 中各码组的反码（即正负号相反的码）和反序码（即时间顺序相反的码）也是巴克码。现在以 $n = 5$ 的巴克码为例，在 $j = 0 \sim 4$ 的范围内，求其自相关函数值：

表 8-1　巴克码

N	巴 克 码	N	巴 克 码
1	+	5	+ + + − +
2	+ +，+ −	7	+ + + − − + −
3	+ + −	11	+ + + − − − + − − + −
4	+ + + −，+ + − +，	13	+ + + + + − − + + − + − +

当 $j = 0$ 时，
$$R(0) = \sum_{i=1}^{5} x_i^2 = 1 + 1 + 1 + 1 + 1 = 5 \tag{8.4-4}$$

当 $j = 1$ 时，
$$R(1) = \sum_{i=1}^{4} x_i x_{i+1} = 1 + 1 - 1 - 1 = 0 \tag{8.4-5}$$

当 $j = 2$ 时，
$$R(2) = \sum_{i=1}^{3} x_i x_{i+2} = 1 - 1 + 1 = 1 \tag{8.4-6}$$

当 $j = 3$ 时，
$$R(3) = \sum_{i=1}^{2} x_i x_{i+3} = -1 + 1 = 0 \tag{8.4-7}$$

当 $j = 4$ 时，
$$R(4) = \sum_{i=1}^{1} x_i x_{i+4} = 1 \tag{8.4-8}$$

由以上计算结果可见，其自相关函数绝对值除 $R(0)$ 外，均不大于 1。由于自相关函数是偶函数，所以其自相关函数值画成曲线如图 8-12 所示。

有时将 $j = 0$ 时的 $R(j)$ 值称为主瓣，其他处的值称为旁瓣。上面得到的巴克码自相关函数的旁瓣值不大于，是指局部自相关函数的旁瓣值。在实际通信情况中，在巴克码前后都可能有其他码元存在。但是，若假设信号码元的出现是等概率的，出现 +1 和 −1 的概率相等，则相当于在巴克码前后的码元取值平均为 0。所以平均而言，计算巴克码的局部自相关函数的结果，近似地符合在实际通信情况中计算全部自相关函数的结果。

在找到巴克码之后，后来的一些学者利用计算机穷举搜寻的方法，又找到一些适用于群

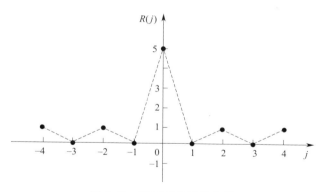

图 8-12　巴克码自相关曲线

同步的码组，例如威拉德码、毛瑞型码和林德码等，其中一些同步码组的长度超过了 13。而这些更长的群同步码正是提高群同步性能所需要的。

在实现集中插入法时，在接收端中可以按上述公式用数字处理技术计算接收码元序列的自相关函数。在开始接收时，同步系统处于捕捉态。若计算结果小于 N，则等待接收到下一个码元后再计算，直到自相关函数值等于同步码组的长度 N 时，就认为捕捉到了同步，并将系统从捕捉态转换为保持态。此后，继续考察后面的同步位置上接收码组是否仍然具有等于 N 的自相关值。当系统失去同步时，自相关值立即下降。但是自相关值下降并不等于一定是失步，因为噪声也可能引起自相关值下降。所以为了保护同步状态不易被噪声等干扰打断，在保持状态时要降低对自相关值的要求，即规定一个小于 N 的值，例如（$N-2$），只有所考察的自相关值小于（$N-2$）时才判定系统失步。于是系统转入捕捉态，重新捕捉同步码组。按照这一原理计算的流程图示于图 8-13 中。

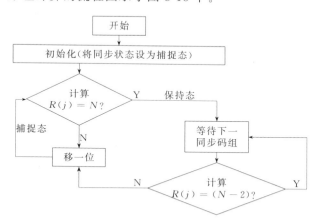

图 8-13　集中插入法群同步码检测流程

8.4.2　分散插入法

分散插入法又称间隔式插入法，如图 8-11（b）所示。通常，分散插入法的群同步码都很短。例如，在数字电话系统中常采用"10"交替码，即在图 8-11（b）所示的同步码元位置上轮流发送二进制数字"1"和"0"。这种有规律的周期性地出现的"10"交替码，在信息码元序列中极少可能出现。因此在接收端有可能将同步码的位置检测出来。

在接收端，为了找到群同步码的位置，需要按照其出现周期搜索若干个周期。若在规定数目的搜索周期内，在同步码的位置上，都满足"1"和"0"交替出现的规律，则认为该位置就是群同步码元的位置。至于具体的搜索方法，由于计算技术的发展，目前多采用软件的方法，不再采用硬件逻辑电路实现。软件搜索方法大体有如下两种。

第一种是移位搜索法。在这种方法中系统开始处于捕捉态时，对接收码元逐个考察，若考察第一个接收码元就发现它符合群同步码元的要求，则暂时假定它就是群同步码元；在等待一个周期后，再考察下一个预期位置上的码元是否还符合要求。若连续 n 个周期都符合要求，就认为捕捉到了群同步码；这里 n 是预先设定的一个值。若第一个接收码元不符合要求或在 n 个周期内出现一次被考察的码元不符合要求，则推迟一位考察下一个接收码元，直至找到符合要求的码元并保持连续 n 个周期都符合为止；这时捕捉态转为保持态。在保持态，同步电路仍然要不断考察同步码是否正确，但是为了防止考察时因噪声偶然发生一次错误而导致错认为失去同步，一般可以规定在连续 n 个周期内发生 m 次（$m<n$）考察错误才认为是失去同步。这种措施称为同步保护。在图 8-14 中画出了上述方法的流程图。

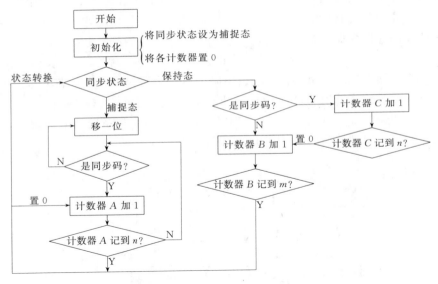

图 8-14　移位搜索法流程图

第二种方法称为存储检测法。在这种方法中先将接收码元序列存在计算机的 RAM 中，再进行检验。图 8-15 为存储检测法示意图，它按先进先出（FIFO）的原理工作。图中画出的存储容量为 40b，相当于 5 帧信息码元长度，每帧长 8b，其中包括 1b 同步码。在每个方格中，上部阴影区内的数字是码元的编号，下部的数字是码元的取值"1"或"0"，而"x"代表任意值。编号为"01"的码元最先进入 RAM，编号"40"的码元为当前进入 RAM 的码元。每当进入 1 码元时，立即检验最右列存储位置中的码元是否符合同步序列的规律（例如，"10"交替）。按照图示，相当只连续检验了 5 个周期。若它们都符合同步序列的规律，则判定新进入的码元为同步码元。若不完全符合，则在下一个比特进入时继续检验。实际应用的方案中，这种方案需要连续检验的帧数和时间可能较长。例如在单路数字电话系统中，每帧长度可能有 50 多位，而检验帧数可能有数十帧。这种方法也需要加用同步保护措施。

它的原理与第一种方法中的类似，这里不再重复。

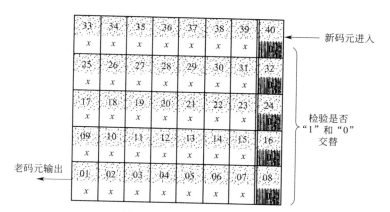

图 8-15　存储检测法示意图

8.4.3　群同步性能

群同步性能的主要指标有两个，即假同步概率 P_f 和漏同步概率 P_i。假同步是指同步系统当捕捉时将错误的同步位置当作正确的同步位置捕捉到；而漏同步是指同步系统将正确的同步位置漏过而没有捕捉到。漏同步的主要原因是噪声的影响，使正确的同步码元变成错误的码元。而产生假同步的主要原因是由于噪声的影响使信息码元错成同步码元。

现在先来计算漏同步概率。设接收码元错误概率为 p，需检验的同步码元数为 n，检验时容许错误的最大码元数为 m，即被检验同步码组中错误码元数不超过 m 时仍判定为同步码组，则未漏判定为同步码的概率

$$P_u = \sum_{r=0}^{m} C_n^r p^r (1-p)^{n-r} \tag{8.4-9}$$

式中，C_n^r 为 n 中取 r 的组合数。

所以，漏同步概率

$$P_i = 1 - \sum_{r=0}^{m} C_n^r p^r (1-p)^{n-r} \tag{8.4-10}$$

当不允许有错误时，即设定 $m=0$ 时，则式（8.4-10）变为

$$P_i = 1 - (1-p)^n \tag{8.4-11}$$

这就是不允许有错同步码时漏同步的概率。

现在来分析假同步概率。这时，假设信息码元是等概率的，即其中"1"和"0"的先验概率相等，并且假设假同步完全是由于某个信息码组被误认为是同步码组造成的。同步码组长度为 n，所以 n 位的信息码组有 2^n 种排列。它被错当成同步码组的概率和容许错误码元数 m 有关。若不容许有错码，即 $m=0$，则只有一种可能，即信息码组中的每个码元恰好都和同步码元相同。若 $m=1$，则有 C_n^1 种可能将信息码组误认为是同步码组。因此假同步的总概率为

$$P_{\text{f}} = \frac{\sum_{r=0}^{m} C_n^r}{2^n} \qquad\qquad (8.4-12)$$

式中，2^n 是全部可能出现的信息码组数。

比较式(8.4-10)和式(8.4-12)可见，当判定条件放宽时，即 m 增大时，漏同步概率减小，但假同步概率增大。所以，两者是矛盾的。设计时需折中考虑。

除了上述两个指标外，对于群同步的要求还有平均建立时间。所谓建立时间是指从在捕捉态开始捕捉转变到保持态所需的时间。显然，平均建立时间越快越好。按照不同的群同步方法，此时间不难计算出来。现以集中插入法为例进行计算。假设漏同步和假同步都不发生，则由于在一个群同步周期内一定会有一次同步码组出现。所以按照图 8-15 的流程捕捉同步码组时，最长需要等待一个周期的时间，最短则不需等待，立即捕到。平均而言，需要等待半个周期的时间。设 N 为每群的码元数目，其中群同步码元数目为 n，T 为码元持续时间，则一群的时间为 NT，它就是捕捉到同步码组需要的最长时间；而平均捕捉时间为 $NT/2$。若考虑到出现一次漏同步或假同步大约需要多用 NT 的时间才能捕获到同步码组，故这时的群同步平均建立时间约为

$$t_e \approx NT(1/2 + P_{\text{f}} + P_{\text{i}}) \qquad\qquad (8.4-13)$$

8.4.4 起止式同步

除了上述两种插入同步码组的方法外，在早期的数字通信中还有一种同步法，称为起止式同步法。它主要适用于电传打字机中。在电传打字机中一个字符可以是由 5 个二进制码元组成的，每个码元的长度相等。由于是手工操作，键盘输入的每个字符之间的时间间隔不等。所以，在无字符输入时，令电传打字机的输出电压一直处于高电平状态。在有一个字符输入时，在 5 个信息码元之前加入一个低电平的"起脉冲"，其宽度为一个码元的宽度 T，如图 8-16 所示。为了保持字符间的间隔，又规定在"起脉冲"前的高电平宽度至少为 $1.5T$，并称它为"止脉冲"。所以通常将起止式同步的一个字符的长度定义为 $7.5T$。在手工操作输入字符时，"止脉冲"的长度是随机的，但是至少为 $1.5T$。

图 8-16 起止同步法

载波同步的目的是使接收端产生的本地载波和接收信号的载波同频同相。载波同步方法可以分为插入导频法和直接提取法两大类。

码元同步的目的是使每个码元都能得到最佳解调和判决。码元同步可以分为外同步和自同步法两大类。

群同步的目的是能够正确地接收码元序列分组，使接收信息能够正确被理解。

习题

8-1　什么是载波同步？在什么情况下需要载波同步？实现载波同步有哪些具体方法？

8-2　试问哪些信号频谱中没有离散载频分量？

8-3　试问能否从没有离散载频分量的信号中提取载波？若能，试从物理概念上作解释。

8-4　试证明：采用插入导频法实现载波同步时，如果插入的导频不采用正交插入，则会产生直流干扰。

8-5　试问什么是位同步？在什么情况下需要位同步？实现位同步有哪些具体方法？

8-6　试问对位同步的两个基本要求是什么？位同步的作用有哪些？

8-7　在用滤波法提取位同步信号的方框图中，为什么要有一个波形变换？其作用是什么？

8-8　一个采用非相干解调方式的数字通信系统，是否必须有载波同步和位同步？

8-9　集中插入法实现群同步时，关键要找出一个特殊的群同步码组，对这个群同步特殊码组的要求是什么？

部分习题答案

第 1 章

1-7　3.25bit；8.97b

1-8　2.375b

1-9　2400b/s；9600b/s

1-10　1200B

1-11　9600b/s；14400b/s

1-12　10^{-7}

1-13　10^{-4}

1-14　(1) $1.39×10^{-7}$；(2) 不变；(3) $1.391.39×10^{-2}$

第 4 章

4-9　20Hz；200Hz；300Hz

4-10　$T_s≤0.25s$

4-11　110Hz≤B<140Hz；220Hz

4-12　6 位；0.5V

4-13　56kHz；42dB

4-14　400 个

4-15　48kHz；72dB

4-16　1110011；27 个单位；32kHz

第 5 章

5-8　$+1000000000-1+1$；$+1000+1-100-10+1-1$

5-9　01001000010000110000 1001

5-10　(1) $\dfrac{T_b}{4}P(1-P)Sa^2\dfrac{\pi T_b}{2}f+\dfrac{1}{4}\sum mP^2Sa^2\dfrac{m\pi}{2}\delta(f-mf_b)$

　　　(2) 存在 f_b 分量

　　　(3) $2f_b$

5-11　系统（c）满足无码间串扰传输条件，系统（a）、（b）、（d）不满足

5-12　(1) $f_b=500B$、1000B、2000B 时无码间串扰；

　　　(2) $f_b=500B$、1000B 时无码间串扰

第 6 章

6-6　2400Hz

6-7　2000Hz

6-8　(1) $P_e=2.2×10^{-5}$；(2) $P_e=1.2×10^{-4}$

6-9　4800Hz

参考文献

[1] 樊昌信等.通信原理 [M].第 7 版.北京：国防工业出版社，2012.

[2] 樊昌信等.通信原理 [M].第 5 版.北京：国防工业出版社，2004.

[3] 张会生.现代通信系统原理 [M].第 3 版.北京：高等教育出版社，2014.

[4] 黄小虎.现代通信原理 [M].北京：北京理工大学出版社，2012.

[5] 曹志刚，钱亚生.现代通信原理 [M].北京：清华大学出版社，2014.

[6] 张辉，曹丽娜.现代通信原理与技术 [M].西安：西安电子科技大学出版社，2003.

[7] 南利平等.通信原理简明教程 [M].第 2 版.北京：清华大学出版社，2007.

[8] 孙青华.数字通信原理 [M].北京：人民邮电出版社，2015.

[9] 沈保锁.通信原理 [M].北京：人民邮电出版社，2006.